中小学人工智能丛书

U0177352

跟着悟空学编程

主　编　魏小涛

副主编　唐　军

编　委（按姓氏笔画排序）

刘　亮　李小刚　李丽雅

沈　杰　郭　君　熊少军

中国科学技术大学出版社

内 容 简 介

本书通过跟着悟空学编程的主线，介绍了图形化编程的各种知识。在每个章节贯穿了动脑（"想一想"）、动手（"做一做"）、动口（"秀一秀"）的三维教学理念，既有故事的创作，也融入了语文、数学、科学和艺术等方面的知识，体现了现在全球流行的跨学科教育和 STEAM 教育理念。

本书主要针对三年级至八年级的中小学生（8～14 岁），也可供开设相关课程的老师参考阅读。

图书在版编目(CIP)数据

跟着悟空学编程/魏小涛主编. —合肥：中国科学技术大学出版社，2022.3
（中小学人工智能丛书）
ISBN 978-7-312-05367-2

Ⅰ.跟… Ⅱ.魏… Ⅲ.程序设计—青少年读物 Ⅳ.TP311.1-49

中国版本图书馆 CIP 数据核字（2022）第 018655 号

跟着悟空学编程

GENZHE WUKONG XUE BIANCHENG

出版	中国科学技术大学出版社
	安徽省合肥市金寨路 96 号,230026
	http://press.ustc.edu.cn
	https://zgkxjsdxcbs.tmall.com
印刷	安徽国文彩印有限公司
发行	中国科学技术大学出版社
经销	全国新华书店
开本	710 mm×1000 mm 1/16
印张	13.25
字数	245 千
版次	2022 年 3 月第 1 版
印次	2022 年 3 月第 1 次印刷
定价	88.00 元

前 言

多年来，我一直坚持在人工智能创客教育领域耕耘。一次，我和我们的老师一起去一所小学参加教学交流活动，其中有一个环节是观摩课堂教学。主办方说难得来一趟，想请我们的老师也来上一堂课。由于盛情难却，同行的老师便答应一试。学生从三年级到五年级的都有，大部分还没接触过编程。我们的老师就用"爱学创"这款以机器人悟空为主角的编程软件，即兴发挥讲了一堂悟空出世的趣味编程课。由于同学们对《西游记》的故事耳熟能详，课堂以"悟空出世应该是一个什么样的场景？"的问题开场，一下子就激发了同学们的热情和想象力。他们举着一双双小手，争先恐后地讲述了自己心中悟空出世应该是一个什么样的场景。原来，在每个孩子心中，都有不一样的西游梦。同学们的想法千奇百怪，但又都知道悟空是高山或大海边的一个石头变成的。由于这款编程软件自带悟空的卡通形象，因此只需顺着同学们的思路，在程序中导入大家提到过的大海背景和石头角色，利用这三要素通过程序的积木指令就能创作出一个悟空出世的作品。在完成整个作品的过程中，会碰到在具体实现方式上的差异，于是不断有同学走上讲台讲出自己的想法，然后将想法通过最简单的模块来实现。整堂课就在情景与故事的氛围中轻松愉快地完成了。同学们也基本掌握了与这节课有关的编程知识点，例如，动作和外观模块中的几个指令是如何来控制角色实现这个作品的。抛开教学方法，同学们在整个课堂中积极互动的气氛让人印象深刻！

纽约州立大学教育学博士、纽约州教育厅资深教育专家万德远曾讲过："创新教育(STEAM)学习可视为一个教学框架和教学载体，能迎合大多数学生的兴趣、好奇心和相关性，还可以提高学生学习的主动性，达到深度学习的目标。"

编程教育开展的难点，就是如何让大家对编程产生兴趣。毫无疑问，情景化、故事化甚至游戏化的教学方式可以极大地激发孩子们的兴趣与想象力。中央电化教育馆发布了《中小学人工智能技术与工程素养框架》，在"为编写中小学人工智能教材提供建议"中指出，"教材内容的呈现方式，应当考虑学生的心理特点，体现趣味性、生动性和活动性。要以学生观察世界的角度和自主学习活动的方式来表述，而不是以成人的角度和传授知识的方式来表述"。而如何将趣味性、生动性和活动性融入编程教学中呢？《西游记》这部魔幻神作，提供了可与编程结合开展跨学科教育的一个广阔舞台。古典文学与现代人工智能创客教育的结合，又将碰撞出多少新的灵感和火花?!

我由衷地觉得，从美国引入的图形化编程的那个主角小猫，天然应该由悟空这个形象来替换而达到本土化的效果。悟空的每一个本领，都对应了编程的一个模块或技能。像本书中讲到的，悟空会隐身，会七十二变，会筋斗云，会分身术，甚至连他的金箍棒，都会听话地变大变小，等等，而巧合的是这都对应了中小学编程中不同的知识点和技能。我想，这可能是由于悟空和编程，本身都是让人们天马行空地想象和创新的一个载体吧！这一点决定了它们可以很好地融合！于是我萌生了以悟空为主角，融入故事化、情景化教学来教授编程本领的创作想法。本书因此而诞生，为的是抛砖引玉，为推动中国的创客教育和人工智能教育贡献自己的一份力量。

前不久，我正巧刷到一个短视频。国际顶尖数学家、哈佛大学终身教授丘成桐讲到，中国学生在本科的时候没有创意(包括清华和北大的学生)，中国学生对所学的东西兴趣不够大，不愿意问问题；学生在填鸭式的教育下，变成了一个机器，被动式地反应，没有思考的能力。这段发人深省的讲话与钱学森之问何其相似！

可喜的是，国务院发布的《新一代人工智能发展规划》及教育部发布的《教育信息化2.0行动计划》中，均提出在中小学设置人工智能相关课程，逐步推广编程教育的工作要求。我想，广大的教育工作者，不管是教育行政部门的管理者还是中小学教师，以及社会上热衷教育事业的人们，正是看到了创客教育和人工智能教育对孩子们的创新思维、动手实践能力，以及中国未来人才培养的极大的促进作用，才在这条路上一直坚持前行。

中国创客教育先锋人物、首届"十大教育改革杰出人物"、河南省教育学会生涯发展教育专业委员会理事长田保华指出："创客教育是基于制造力培养创造力的教育，是基于行动力培养想象力的教育，是基于所有学生的普及性教育，而不是精英式教育，不是富人的俱乐部，不是少数人的专利。"不管是人工智能教育还是创客教育，都是为了在广大青少年中播下一颗创新的种子，促进创新教育的发展。

本书共有18章，由浅入深，连贯性强，富有趣味，编排合理，便于学习。本书并不强调一个程序有多复杂、多智能，而是用最简单的方式让读者认识和了解编程，掌握编程的基本原理和知识，让兴趣得到培养和保持，让想象力得到发挥。因为对大多数人来说，想象力、创造力和动手能力的培养更为重要。本书通过跟着悟空学本领的主线，将语文、数学、科学和艺术等方面的知识纳入编程教学中，既有故事的创作，也有各种知识（例如，金箍棒画圆——数学知识，火焰山种树——宣扬绿水青山就是金山银山的环保理念，飞向"天宫号"——中国航天科技发展等）的融合，这也是现在全球流行的跨学科教育和STEAM教育理念的体现。在每个章节贯穿了动脑（"想一想"）、动手（"做一做"）、动口（"秀一秀"）的三维教学理念。在教学过程中，可以通过项目式教学的方式来完成每个章节的教学,18 章不一定要用 18 个课时上完,有的章节可以用 2~3 个课时学完,同时可以结合课后思考与创作来拓展教学内容,还可以融合更多的学科知识、更多的创意来实现自己的想法。

当然,由于时间有限,本书还有很大的改善空间,望广大读者通过"爱学创"公众号、"爱学创"视频号等方式联系我们,欢迎大家批评指正!

面对中国教育的现状,我们唯一可以做的,是尽自己的一份力,来实现中国教育的强国梦。

让我们一起跟着本书的 18 章,走进跟悟空学十八般本领的编程世界吧!

魏小涛

2022 年 1 月 5 日

目　录

了解图形化编程软件

1. 什么是图形化编程软件

图形化编程软件,顾名思义就是利用直观的图形化界面来编写程序的软件。将繁琐的代码转化成可视化图形的模式,只需拖动这些类似于积木方块的图形组合在一起,就可以生成可运行的程序。利用图形化编程软件,可以轻松创建自己的交互式故事、动画、音乐、游戏等,还可以将创作的作品进行分享。图形化编程软件的出现让编程变得像搭积木一样简单有趣,只需采用拖拉、组合积木式指令的方式就能轻松实现所见即所得的效果。另外,由于它支持多个国家的语言,使用者不会被英文和复杂的语法所困扰,因此在全球青少年编程中得到越来越广泛的应用。

2. 爱学创图形化编程软件介绍

爱学创图形化编程软件,是集成了 Scratch 编程、机器人、机器人编程等多学科编程的一个软件。默认为中文,相对其他图形化编程软件,它的字体更大、更清晰,且编程软件的默认主角是一个机器人悟空的卡通形象,更利于激发学生的兴趣,从而使其更好地开展情景化、故事化的创作。

爱学创图形化编程软件界面

爱学创图形化编程软件界面主要分为"菜单区""积木指令区""脚本区""运行控制区""舞台区""角色信息区""舞台背景区"七大部分。

菜单区:包括语言选择、打开或新建作品、作品名称及教程等。

积木指令区:提供各类功能的积木式指令供程序设计使用。

脚本区:将需要的各类积木式指令拖动到此区域,形成可执行的脚本程序。

运行控制区:程序的运行、停止及程序界面调整或放大等操作的区域。

舞台区:展示背景、角色等程序运行的窗口。

角色信息区:对角色名称、位置、大小、方向等进行设置,并显示角色信息的区域。

舞台背景区:对舞台背景进行设置的区域。

3. 下载和安装爱学创编程软件

爱学创编程软件的下载和安装非常方便,只需要下载安装文件(微信扫一扫左侧二维码),然后按照提示下载并安装在计算机中即可。

下面跟随我们一起来走进编程的世界吧!

第1章

悟空出世

悟空是中国古代四大名著之一——《西游记》中的主角,他天赋异禀,拥有很多本领。但是他的本领也是辛苦学习而得到的。今天,我们就以悟空为主角,来开启编程之旅!

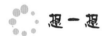

想一想

悟空是在一个什么样的环境下出世的? 创作悟空出世的编程作品,需要哪些背景和角色素材呢?

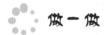

做一做

任务1 设定悟空出世的背景

打开爱学创编程软件,一个机器人悟空的卡通形象就出现在右边的"舞台区"了。现在大家一起开动脑筋,来创作悟空出世的作品吧!

首先,我们可加入悟空出世的一个背景。点击右下角的"选择一个背景"图标。

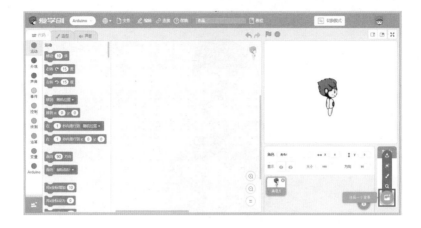

点击之后会进入背景库。悟空出生在大海边，因此我们可以选择一张大海边的背景图。

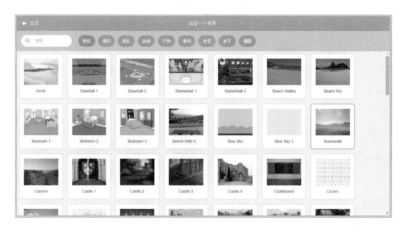

点击大海边的背景图之后，编程软件就会自动回到编程界面了。

左边的"积木指令区"有什么变化吗?

我们发现,编程界面左边的"积木指令区"中的【运动】模块不见了,并显示"选中了舞台:不可使用运动类积木"的提示。原来,这是告诉我们,在选中舞台背景模式的情况下,是不可以使用【运动】类积木为舞台背景编程的。如何让【运动】模块再次出现呢?

只需要用鼠标左键点击"角色信息区"中的悟空角色。这时,我们就发现【运动】模块再次出现了。

任务 2　添加石头角色

看过《西游记》的同学们都知道,悟空是由灵石所生。所以,还需要一个灵石的角色。只需要点击右下角的"选择一个角色"图标。

点击之后进入角色库,滑动鼠标中间的滚轮,找到一个石头的角色来代替灵石。

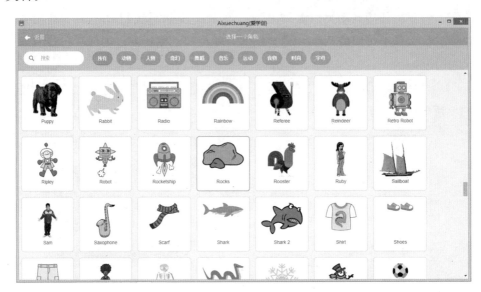

　　也可以在搜索框中输入 rock,下方就会出现石头的角色,然后选择角色并点击。

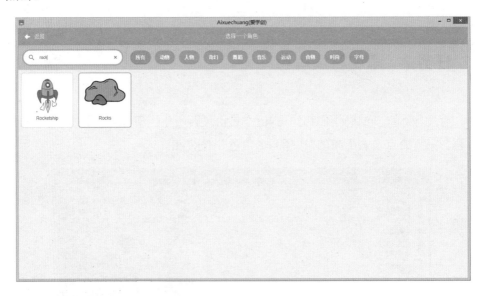

　　点击石头角色之后,就返回到之前的编程界面了。我们发现,石头处于"舞台区"中间位置。

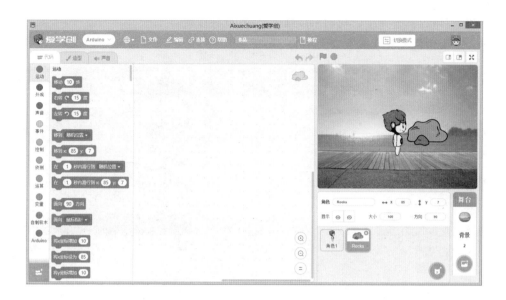

可以将鼠标指针移到"舞台区"中的角色上,按住鼠标左键不放,将角色拖动到舞台下方的合适位置。我们发现,悟空的角色比石头的角色大。悟空要从石头中变出来,他应该比石头小才行。怎样才能让悟空比石头小呢?

在软件的"角色信息区"中,可以设置每个角色的大小。只需点击"角色信息区"中对应的角色,然后将"大小"后面的数值 100(代表角色初始为 100% 大小)进行修改,就可以改变角色的大小了。我们可以输入数值看看角色的大小有什么变化。

大家会发现,如果输入超过 100 的数字,那么角色就会变大;如果输入小于 100

的数字,角色就会变小。我们可以输入 230,然后按键盘上的 Enter 键(回车键)确定。石头角色就会变成原来大小的 230% 了。

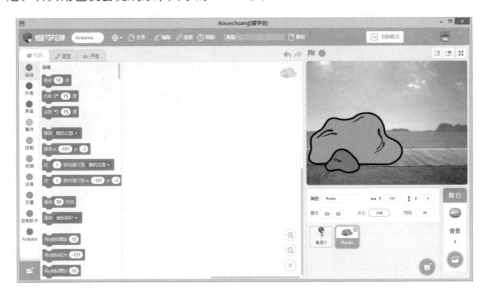

任务 3　让悟空到石头的后面

我们发现,只要拖动舞台中的悟空,悟空就会跑到石头前面。想让悟空刚开始不要出现,随后从石头中变出来,有什么办法可以实现呢?

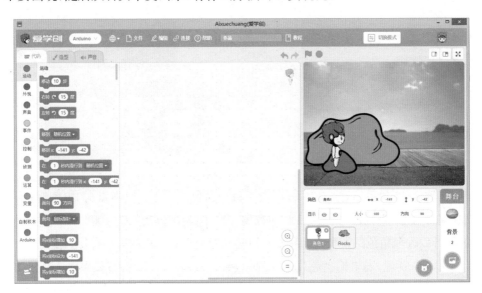

可以让【事件】模块和【外观】模块来帮我们实现悟空刚开始"隐身"的效果。大家需要注意的是,想为哪个角色或背景来编写程序,首先必须先选择这个角色或背景。点击"角色信息区"中的石头角色,先来给石头角色编写程序。

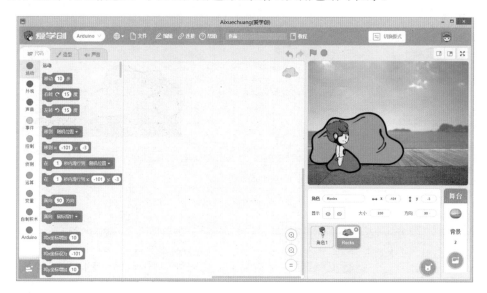

点击"积木指令区"中的【事件】模块,和【事件】有关的积木指令就出现在"积木指令区"中了。想一想,【事件】模块是做什么的呢?

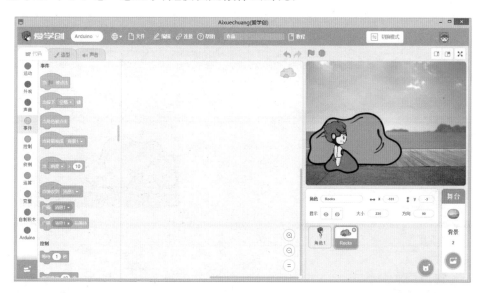

所有程序的运行,都需要有一个触发的条件,【事件】模块就是来告诉程序怎么开始运行的。将"当▶被点击"积木块拖入中间的"脚本区",代表如果点击在"运

行控制区"中的绿旗,程序就会运行。

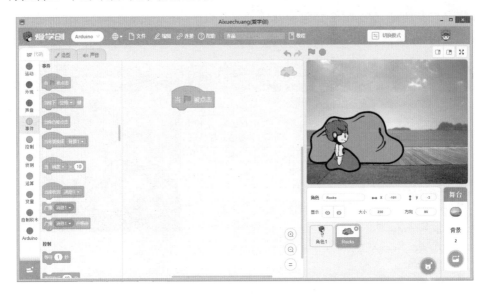

现在我们点击"运行控制区"中的绿旗,会发现程序没有任何变化。这是为什么呢?

这是由于我们没有告诉计算机,点击绿旗后,接着该做什么。如果想让悟空刚开始不出现,那么【外观】模块可以帮助我们。点击"积木指令区"中的【外观】模块,【外观】模块中的积木指令就出现了。

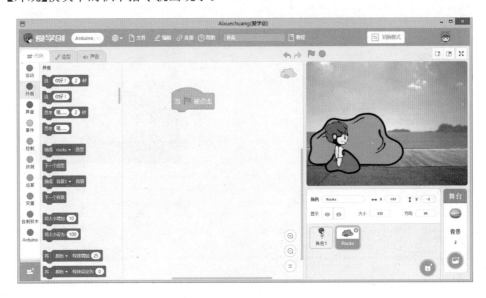

将鼠标指针移到"积木指令区"中,向下滚动鼠标中间的滚轮,就可以看到更多

的积木模块了。大家可以分别点击【外观】模块中的各个积木块,看看舞台中的角色有什么变化。

在【外观】模块中,可以找到一个"移到最前面"。点击并拖动它到"当▶被点击"的下面。我们发现,这两个模块会自动粘在一起。一个最简单的只有两个积木块的程序就完成了。

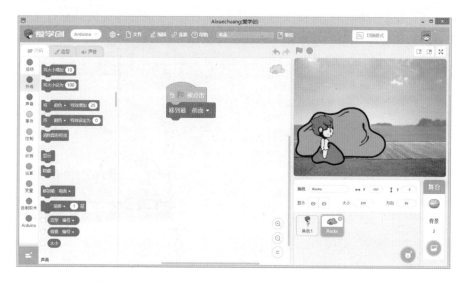

再次点击"运行控制区"中的绿旗,运行程序。我们发现,石头果然按照编写的指令移到了悟空的前面。想一想,悟空是消失了吗?

悟空不是消失了,而是随着石头角色移到最前面,悟空也就自然地到了石头的后面,像躲猫猫一样躲起来了。

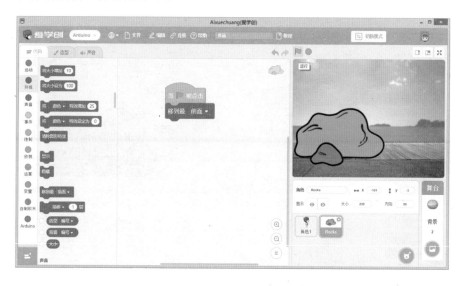

任务 4 将石头隐藏 让悟空出现

想让悟空出世,那么悟空还得出现才行。接着需要编写新的指令,点击【控制】模块,将【控制】模块中的"等待 1 秒"拖入程序下方,发现程序又自动粘在了一起。一个新的程序又生成了。这个积木块代表什么呢?

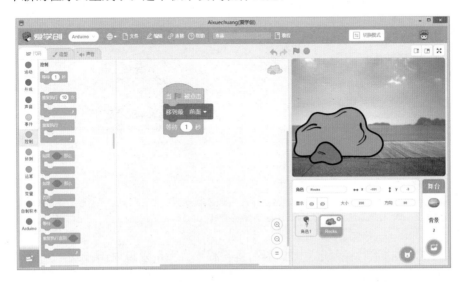

我们还可以更改"等待 1 秒"中间的数值,只需要将鼠标指针移到"1"的位置并点击,就可以任意修改数值。例如,这里将其改为 3,代表"等待 3 秒"的时间。

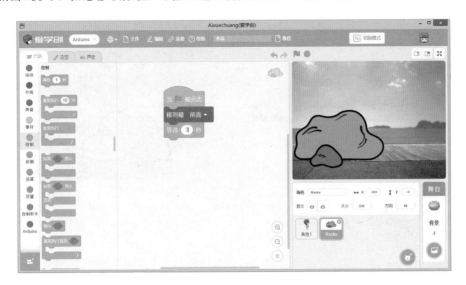

等待 3 秒之后,我们就可以让悟空出现了。再次点击"积木指令区"中的【外观】模块,将"隐藏"积木块拖入程序的下方。等待 3 秒之后,石头角色就应该隐藏了。

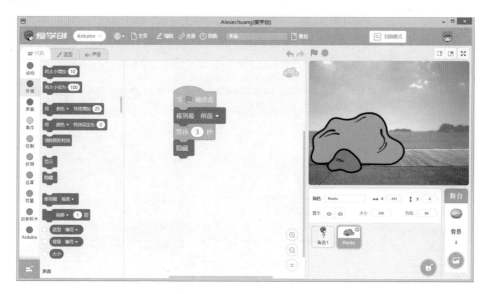

　　点击绿旗,运行程序测试一下。果然 3 秒之后,石头就消失不见了,悟空就出现了。另外,我们还发现程序在运行的过程中,程序周围会"发光"。这代表什么呢? 这代表程序正在运行。程序运行完之后,"光"就消失了。

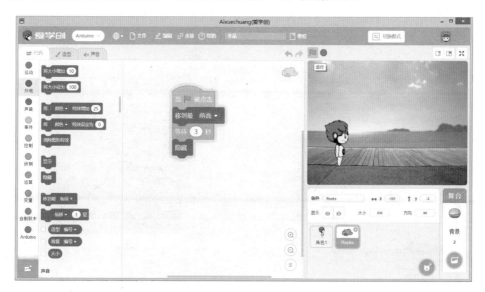

　　悟空出世的程序编写完成了吗? 判断一个程序是否编写完成,要看程序每次

启动时是否能执行指令去完成我们预先设计的任务。当我们再次点击绿旗时,却发现石头不见了。这是为什么呢?

原来,计算机都是按照编写的程序运行的。由于之前的程序让石头隐藏了,再次运行程序的时候,却没有让石头出现的指令,因此石头就不见了。我们需要将【外观】模块中的"显示"拖入"当 ▐▌ 被点击"的下方,代表程序开始运行的时候,先让石头出现。

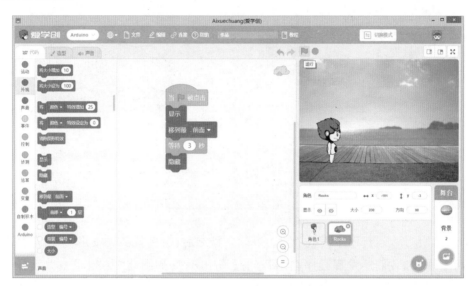

我们点击绿旗运行程序,石头就出现了,等待 3 秒之后,石头消失,悟空就出世了。

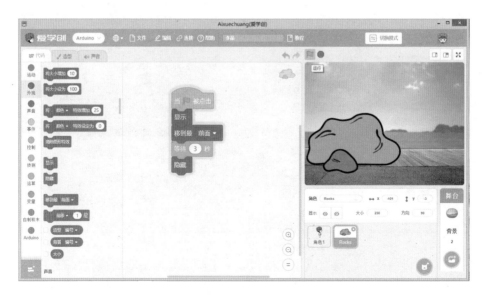

悟空出世的一个简单的小程序就完成了。简单的程序完成之后,同学们的脑海中可能会有很多悟空出世的场景,并且每个同学所想象的悟空出世的场景是不一样的。别急,等我们学会了更多的编程本领之后,就会发现我们头脑中的各种想法都可以实现。

秀 一 秀

这节课我们编写了一个简单的悟空出世的小程序。在这个作品中,我们只为石头角色编写了程序,你可以尝试为悟空编写程序,实现悟空出世的效果吗?你还可以让悟空以什么其他的方式出世呢?

第2章

悟空动起来

上一章我们学习了悟空出世的小程序。也认识了【事件】、【控制】和【外观】模块中的一些积木块。今天让我们一起来学习新的模块。

想一想

悟空出世之后，首先要学会动起来。怎么让悟空动起来呢？点击"积木指令区"中的【运动】模块，体验其中的各个积木块，你有创作的思路了吗？

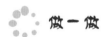
做一做

任务 1　让悟空移动起来

通过刚才的动手体验，相信同学们已经了解了【运动】模块中的一些功能，今天我们就用【运动】模块中的积木块让悟空动起来。

点击"积木指令区"中的【事件】模块，拖入"当 ▶ 被点击"积木块，就设定了程序开始的触发按钮。

　　悟空动起来,少不了【运动】模块中的指令。点击"积木指令区"中的【运动】模块。要让悟空动起来,可以拖入"移动 10 步"到"脚本区"中的"当 ▐▀ 被点击"下面。点击绿旗运行程序,悟空果然动起来了。

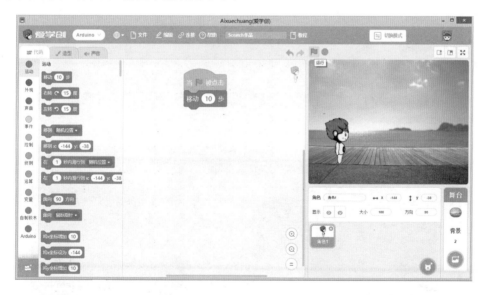

任务 2　让悟空不断地移动

程序运行时,悟空每次只运动一下就停止了。如何让悟空重复移动呢?"重复执行"积木块可以帮助我们。拖入【控制】模块中的"重复执行"将"移动 10 步"包围,这代表一直重复执行"移动 10 步"这个指令。

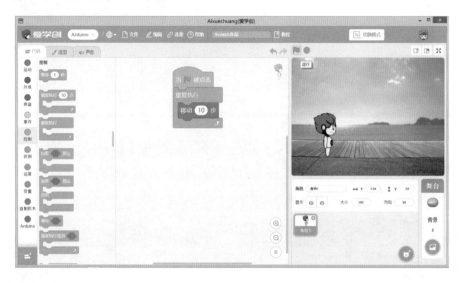

再点击绿旗运行程序,悟空就重复移动起来了。但是我们又发现,悟空跑出了舞台边缘。

任务 3　让悟空回到舞台中

想让悟空回到舞台中,我们只需加入一个积木指令。点击【运动】模块,向下滚动鼠标中间的滚轮,将"碰到边缘就反弹"拖动到"移动10步"的下方。

点击绿旗运行程序,悟空果然又回到舞台中了,但它却是以倒着移动的方式回来的。

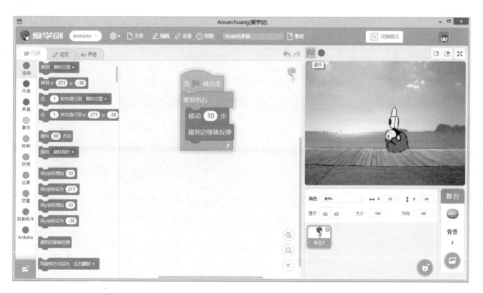

任务 4 设定悟空的旋转方式

怎么让悟空头朝上移动呢？我们可以继续用积木指令来控制它。拖入"将旋转方式设为左右翻转"到"重复执行"模块中。再点击绿旗运行程序,悟空就会乖乖地正着移动了。

悟空动起来的简单程序就完成了。大家可以运行自己编写的程序,看看是否可以让悟空一直动起来。

 秀一秀

你还有什么其他的方式让悟空动起来吗？你使用了哪些积木指令？

第 **3** 章

与 师 对 话

　　悟空学会走路之后,他想学习一些真本领,便跋山涉水来到一座古城堡拜师学艺。他与师父在古堡中开启了师徒两人之间的对话。

想一想

　　悟空与师父对话,应该是一个什么样的场景呢? 悟空要把他想学本领的愿望向师父诉说,需要用到程序中的哪些模块来实现?

做一做

任务1　置身古堡

　　我们可以先让悟空来到古堡的场景之中。首先打开编程软件进入编程界面,点击右下方的"选择一个背景"图标。

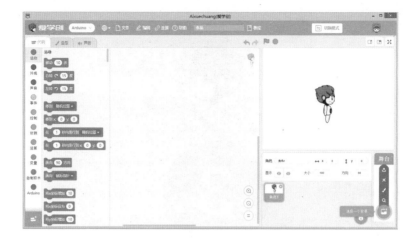

点击之后会进入背景库，找到古堡的背景，点击选中它。

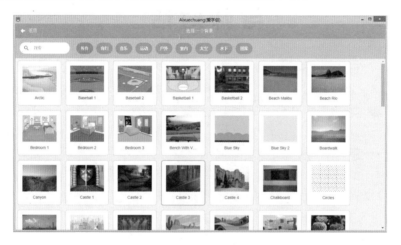

之后会自动进入编程界面。悟空就来到了古堡室内。

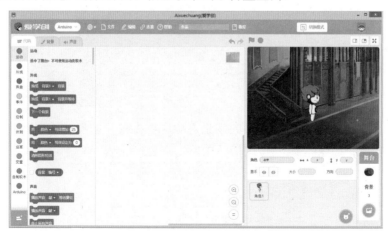

任务2　让师父出场

按住鼠标左键点击"舞台区"中的悟空，将其拖动到舞台的左下方再松开鼠标。在舞台中给师父腾出位置。

让师父出场，同样点击右下方"选择一个角色"图标。

然后就进入了角色库中。点击【人物】一栏，寻找师父。

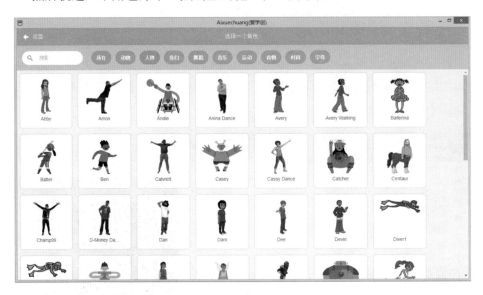

向下滚动鼠标中间的滚轮，找到一个老人的角色，可以请他来当悟空的师父。

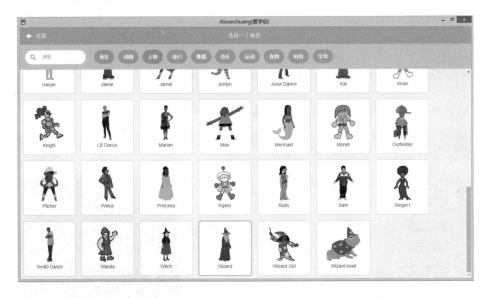

任务 3 让师父转身

师父角色选好之后，就进入了编程界面。我们同样将师父角色拖到舞台合适的位置。师父是背对着悟空的。想要面对面说话,还需要让师父转身面向悟空。如何让师父转身呢?

点击"积木指令区"上方【造型】一栏,就进入了造型编辑界面。我们可以看到师父角色有三个不同的造型。让师父转身,可以点击水平翻转,师父角色就面向悟空了。

点击上方的【代码】一栏，我们就回到了编程界面。

任务4 让悟空和师父说话

在"角色信息区"中选择悟空角色，将【事件】模块中的"当 ▶ 被点击"拖入"脚本区"中，然后拖入【外观】模块中的"说你好！2秒"。

将鼠标指针移到"你好!"的位置并点击,就可以输入我们想让角色说的内容了。这里改为"师父师父,我想学本领!",运行程序,悟空就说起话来了。

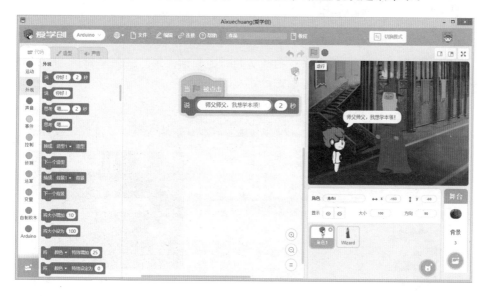

悟空说完之后,该师父接话了。点击师父角色,同样拖入【事件】模块中的"当被点击",再拖入【外观】模块中的"说你好! 2 秒"。将师父说的内容改为"我这有三十六和七十二般变化之术,你想学哪个?"。

任务 5　说话之间的等待

点击绿旗运行程序,发现悟空和师父同时说起话来了。既然是对话,那么应该有先有后,所以我们需要对程序进行修改。

由于是悟空先开口说话,而悟空说话的时间是 2 秒,因此在师父角色中拖入【控制】模块中的"等待 1 秒"并将时间改为 2 秒,师父等待 2 秒让悟空把话说完,然后自己再接话。

再运行程序,悟空和师父就开始一先一后地对话了。

同样,由于师父说话的时间也是2秒,因此在悟空角色中,我们也拖入"等待1秒"并将时间改为2秒,代表等师父说完。再拖入【外观】模块中的"说你好! 2秒",然后将内容改为"我想学多的,我想学多的!"。

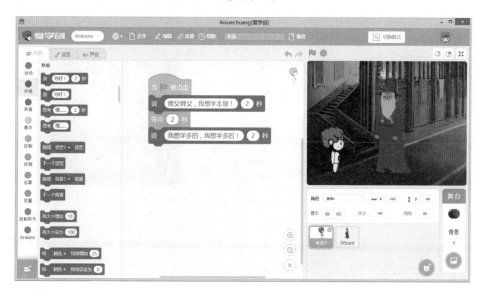

以此类推,在师父角色中,让其等待 2 秒,再拖入"说你好! 2 秒"并将内容改为"念你虚心好学,就传授与你吧!"。

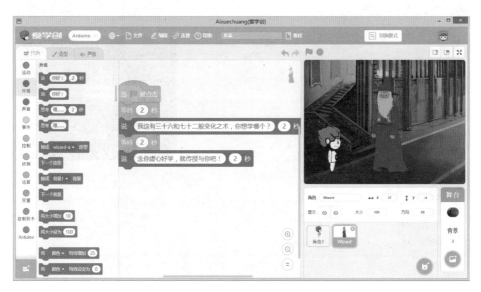

最后再选择悟空角色,让其等待 2 秒,再拖入"说你好! 2 秒"并将内容改为"谢谢师父,谢谢师父!"。

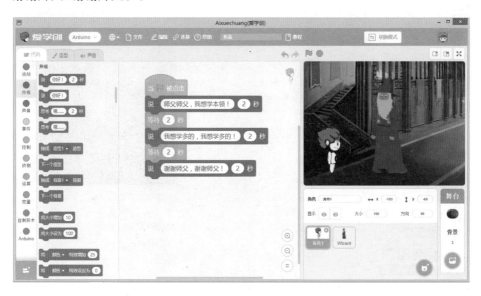

运行程序,悟空和师父对话的程序就设计完成了!

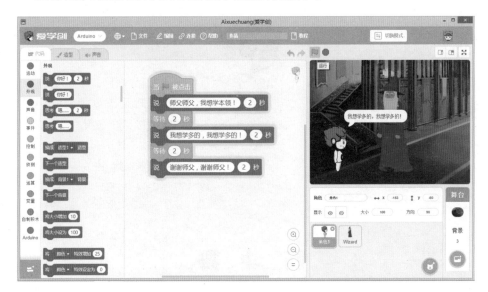

 秀一秀

　　这是悟空表达想向师父学本领的一段对话。大家可以根据本课所学到的知识,创作悟空与师父的其他对话吗?

第4章

筋 斗 舞

悟空跟师父表达了想学本领的愿望后,就开始苦练本领了。在练习飞行本领的时候,师父告诉悟空腾飞之前如果翻一个筋斗,将可飞行十万八千里。反复练习翻筋斗未免有些枯燥,于是悟空自编自导了一段筋斗舞加以练习。

 想一想

创作一个筋斗舞,需要哪些素材呢? 可以利用哪些积木指令来完成?

 做一做

任务1 让悟空学会翻筋斗

首先我们要为筋斗舞设定一个背景,大家可以选择符合故事情节的背景。这里我们从背景库的【太空】栏中选择一个太空的背景。

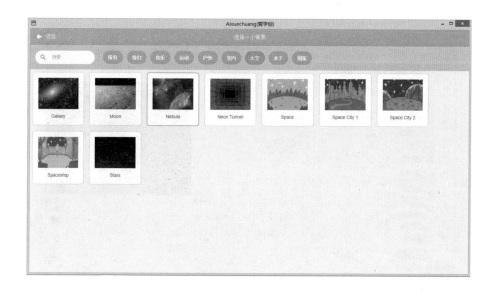

点击之后,再点击上方【代码】一栏回到编程界面,我们发现悟空置身于太空中了。悟空翻筋斗,可以拖入【运动】模块中的"右转15度"。点击绿旗运行程序,就会发现悟空可以向右旋转了。

任务 2　让悟空不停地翻筋斗

想让悟空连续翻筋斗,还需拖入"重复执行"积木块,并将"右转15度"包围起来。运行程序,就可以看到悟空一直练习翻筋斗了。

任务 3 为筋斗舞配音乐

悟空自创的筋斗舞,少不了一段动听的音乐。我们需要请【声音】模块来帮忙了。点击"积木指令区"中的【声音】模块,可以看到和声音有关的积木模块都在这里。大家可以点击了解一下其中的各个积木块。

点击"播放声音……等待播完"中间的椭圆形框,可以弹出已有声音和录制声音,可以选择已有声音和自己录制一个声音。

点击"积木指令区"上方的【声音】选项,就进入了声音编辑界面。我们可以逐个点击声音的波形图下方的播放、快一点等各个按钮,观察声音都发生了哪些变化。

将鼠标指针移到最左侧声音的方框内,单击鼠标右键,还可以选择"复制""导出""删除"选项对声音进行操作。这里我们选择"删除"选项。

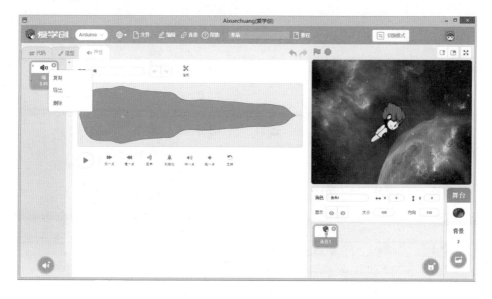

点击"删除"选项之后，发现声音就被删除了。想加入声音，只需将鼠标移到左下方"选择一个声音"的图标上。

点击左下角"选择一个声音"的图标后，就进入了声音库。点击上方的【可循环】一栏，选择其中一个动感的舞曲音乐。

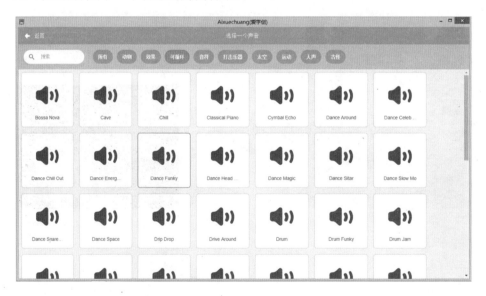

选择音乐之后，就回到了声音编辑界面。点击播放按钮，试听一下音乐。

点击上方【代码】回到编程界面,再点击"播放声音……等待播完"中间的椭圆形框,就有了我们刚才添加的声音。

选择我们刚才添加的声音。

将"播放声音……等待播完"积木块拖入"重复执行"指令之中,这样就为悟空的筋斗舞配上音乐了。运行程序,发现只有当声音播放完了之后,悟空才会旋转一下,然后又播完声音,悟空又旋转一下。想一想这是为什么。

任务4 将翻筋斗与音乐同步

原来,程序的运行是有先后顺序的。我们可以再拖入"当▶被点击",代表当程序启动时,可以同时运行编写的指令。再将"播放声音……等待播完"指令移到这个"当▶被点击"的下方。这里,同样需要拖入"重复执行"指令让音乐一直不断重复播放。运行程序测试,发现悟空翻筋斗时,音乐伴奏就一直同步响起了。

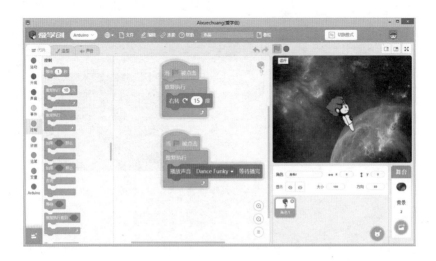

　　同学们可以对悟空的筋斗舞的程序做哪些改进呢？比如换一个音乐或者改变悟空的动作及旋转速度，以及让他多翻几个筋斗。你可以试一试吗？

第**5**章

腾云驾雾

悟空通过自创的筋斗舞,将翻筋斗的技巧彻底掌握了,并且筋斗翻完之后,脚下会出现一个筋斗云。这个筋斗云可以让悟空飞越十万八千里。

悟空腾云驾雾,需要用到哪些角色呢? 如何通过这些角色做一个简单的腾云驾雾的效果呢?

任务1 设置蓝天白云

首先,从背景库中选择蓝天的背景并点击它。

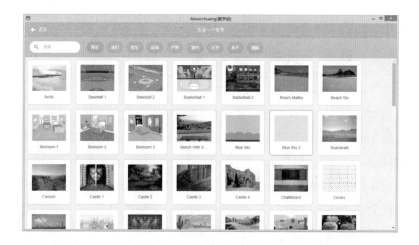

腾云驾雾,少不了云朵的帮忙。从角色库中找到云朵角色并点击它。

点击之后,云朵就出现在舞台中了。将云朵拖动到悟空的脚下。

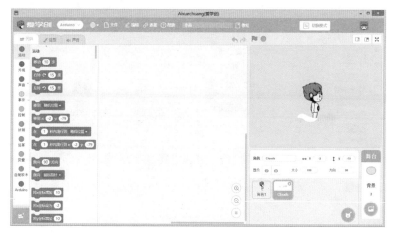

任务 2　让悟空先翻一个筋斗

点击悟空的角色来设计程序。拖入【事件】模块中的"当▶被点击",然后拖入
【运动】模块中的"右转 15 度",这代表让悟空右转 15 度一次。再拖入【控制】模块
中的"重复执行 10 次"。如果运行程序,那么悟空旋转的度数将会是多少呢?

通过观察程序,我们知道,悟空将会右转 15 度并重复执行 10 次,也就是他旋
转的角度将会是 15×10＝150 度。而悟空翻一个完整的筋斗,又是多少度呢?

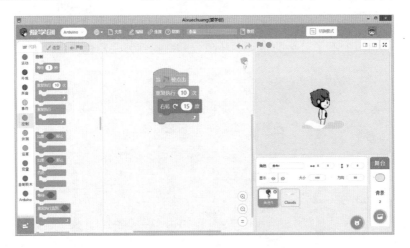

在数学中,我们学习过,一个物体旋转一周是 360 度。因此,我们将重复执行
次数改为 36,将右转改为 10 度。由于 36×10＝360 度,正好为一周。运行程序测
试,发现悟空果然旋转一周之后又保持原来站立的姿势了。

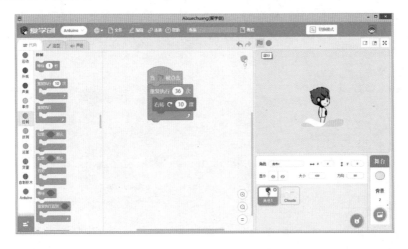

任务3　让云朵出现在悟空脚下

下面我们该为云朵来编写程序了。选择云朵角色后，点击"积木指令区"上方的【造型】，发现云朵有四个不同的造型，如果让这些造型不断切换，就可以实现云朵在空中飘逸的效果了。

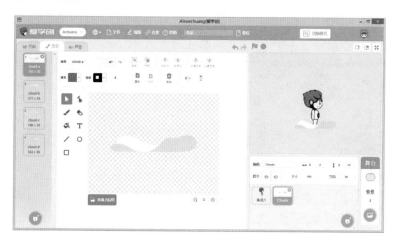

点击【代码】回到编程界面，开始为云朵角色编程。在西游故事中，悟空每次翻完筋斗之后，筋斗云就会出现在他的脚下。因此，悟空在翻筋斗的时候，我们可以让云朵隐藏。拖入【事件】模块中的"当 ▶ 被点击"，再拖入【外观】模块中的"隐藏"。接着拖入【控制】模块中的"等待1秒"，代表给悟空1秒的时间来翻筋斗。那么在1秒之后，我们应该让云朵出现，所以拖入【外观】模块中的"显示"。

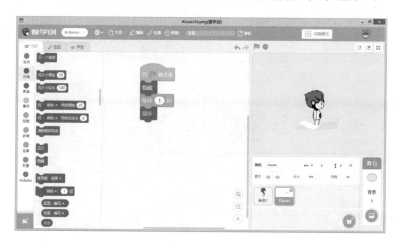

任务 4　让云朵飘起来

想让云朵实现在空中飘逸的效果,我们可以通过"下一个造型"的切换来实现。因此,拖入【外观】模块中的"下一个造型",再拖入【控制】模块中的"重复执行"将"下一个造型"包围,代表不断地切换下一个造型。运行程序测试,我们发现云朵造型切换的速度太快了。

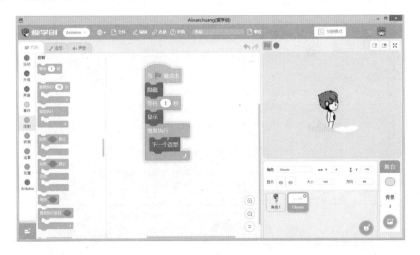

原来,我们没有设定造型切换的时间。拖入【控制】模块中的"等待1秒"。再运行程序测试,就可以看到云朵造型切换的速度慢下来了。但1秒的时间有点长,我们可以更改这个数值为0.2秒。再运行程序测试,就会发现切换的时间比较合适了。

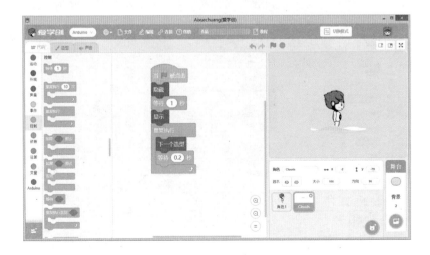

想要悟空站在云朵上而不跑到云朵前面来，还需在云朵角色中拖入【外观】模块中的"移到最前面"。

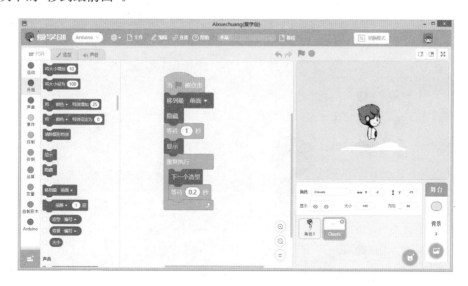

任务5　让悟空发型飘逸

　　让悟空在飞翔中有一些动态的效果，同样可以用造型的切换来实现。点击悟空角色的【造型】选项，可以先删除不需要的造型2。将鼠标指针移到第2个造型框之内，单击鼠标右键，在弹出的选项中，点击"删除"。

将不需要的造型删除之后,我们再复制造型1。将鼠标指针移到第1个造型框之内,单击鼠标右键,在弹出的选项中点击"复制"。

复制之后,就会多一个和造型1一模一样的造型2。选中造型2,再点击悟空的头发,悟空的头发就会出现被选中的方框。我们只需将方框拖动变大一点点,代表风吹过改变了发型。

返回代码区,和云朵一样,拖入【外观】模块中的"下一个造型",再拖入【控制】模块中的"重复执行"。然后嵌入"等待1秒"并将数值改为0.2秒,让造型切换得

更加自然一些。点击绿旗运行程序,悟空翻完筋斗,云朵就出现在他的脚下了,同时头发和云朵也飘动起来。一个简单的筋斗云的效果就初步完成了。

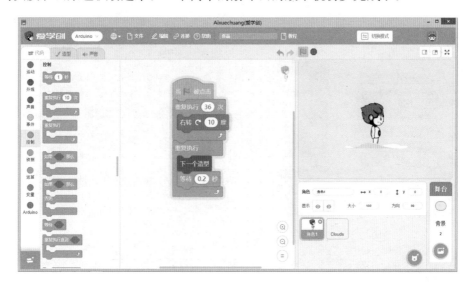

任务 6　加入动感音乐

腾云驾雾飞翔之时,似乎还少点音乐。点击云朵的角色,再点击"积木指令区"上方的【声音】选项,进入声音编辑界面。点击左下方"选择一个声音"图标,进入声音库,选择【可循环】一栏中的一个舞曲音乐并点击它。

点击音乐之后，点上方【代码】一栏返回代码界面。再拖入"当▶被点击"，点击【声音】模块中的"播放声音……等待播完"中间的椭圆形框，选择刚才添加的声音。

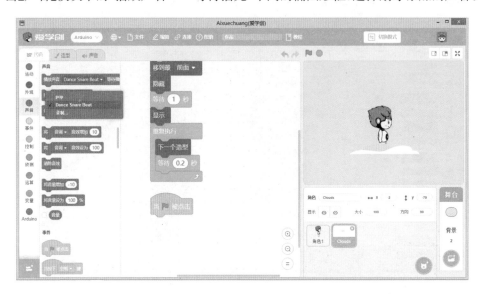

将"播放声音……等待播完"拖入，再拖入【控制】模块中的"重复执行"将其包围，代表声音一直不断地连续播放。我们可以让筋斗云出现的时候音乐再响起。那么只需拖入【控制】模块中的"等待1秒"。想一想，为什么要等待1秒呢？

通过查看程序得知，筋斗云之前是隐藏了1秒才出现的。所以这里也等待1秒再播放音乐，就能和筋斗云的出现同步了。最后我们再运行程序测试。悟空腾云驾雾的简单小程序就设计完成了。

秀一秀

大家还有什么方式,让腾云驾雾的效果更加多样化呢?

第6章

听话的金箍棒

悟空刻苦努力,从师父那里学到了不少本领,可是他还缺少一个兵器。于是他来到海底寻找,终于找到了称心如意的兵器,那就是如意金箍棒。这个兵器可以随心意变大变小。今天,大家就一起来设计一个听话的金箍棒的编程作品吧!

你所想象的听话的金箍棒是什么样的?需要用到哪些背景和角色?如何用编程本领去实现相应的功能呢?

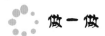

任务1 置身海底,加入金箍棒

传说金箍棒是海底的一根定海神针,是用来测量海水深浅的宝物。我们要先添加一个海底的背景,从背景库中选择【水下】一栏,选择一个海底的背景并点击它。

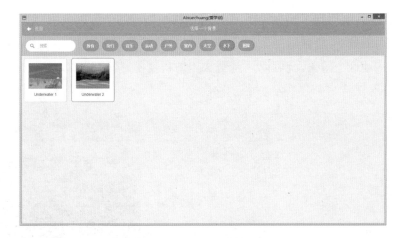

点击之后,就回到了编程界面,悟空已经置身海底了。接着,金箍棒角色应该出场了。拖动舞台中的悟空到舞台的左侧,点击右下角"选择一个角色"图标。

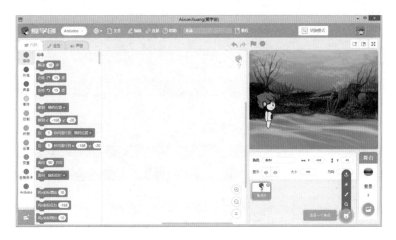

在角色库的【奇幻】栏中找到一个魔法棒角色,点击它。

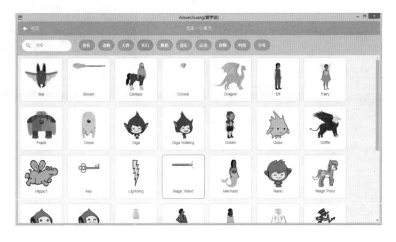

点击之后，就回到了编程界面，发现魔法棒是躺着的。可以点击"角色信息区"中方向后面的数字，会弹出一个圆盘，将鼠标指针移到圆盘中的箭头上，按住鼠标左键不放拖动这个箭头，就可以调整魔法棒的角度了。我们可以将魔法棒的角度拖动到 0 度，让其站立。

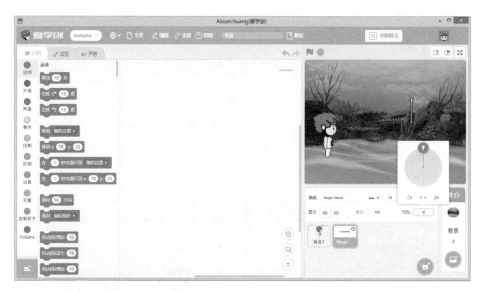

点击"积木指令区"上方的【造型】，就进入了造型编辑界面，可以对魔法棒的造型进行一定的编辑。点击选择按钮，再点击造型中想要删除的部分，就会出现一个被选择的方框，点击上方的"删除"，就可以将想要删除的部分删除掉。

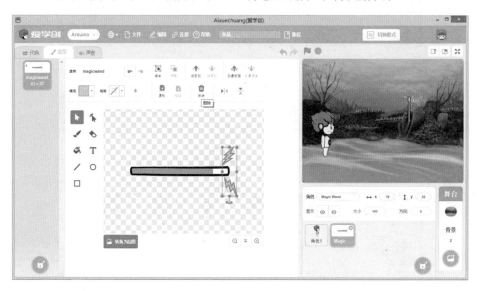

删除之后，金箍棒的角色就完成了。点击积木指令区上方的【代码】，返回到编程界面。

任务 2　让金箍棒变大变小

接着我们可以为金箍棒角色进行编程了。拖入【事件】模块中的"当 ▶ 被点击"。想让金箍棒改变大小，【外观】模块中的"将大小增加 10"可以帮助我们。拖入"将大小增加 10"。我们可以更改大小增加的数值，这里改为小一点的数值，比如 5，让角色大小的改变平缓一些。

让角色一直变大，我们应该拖入"重复执行"还是"重复执行 10 次"积木块呢？这两者有何区别？

如果拖入"重复执行"，金箍棒将会一直持续变大。因此这里可以使用"重复执行 10 次"积木块。不仅可以灵活设定"重复执行"的次数，这个积木块后面还可以再加上让金箍棒变小的积木块。而如果使用"重复执行"，后面就不能再添加其他程序模块了。

　　我们可以将重复执行的次数设为 200 次。运行程序测试时，就会发现金箍棒会一直变大，直到程序执行完毕。但是，当我们再次运行程序时，金箍棒却没有变回原来的大小。

　　让金箍棒变回原来的大小，还需要设定金箍棒的初始大小。可以将【外观】模块中的"将大小设为100"（代表初始大小为100%）拖入"当▶被点击"的下方，代表程序开始运行时，金箍棒首先变回原来的大小。运行程序测试，就实现了金箍棒每次都从初始大小开始由小变大的变化效果了。

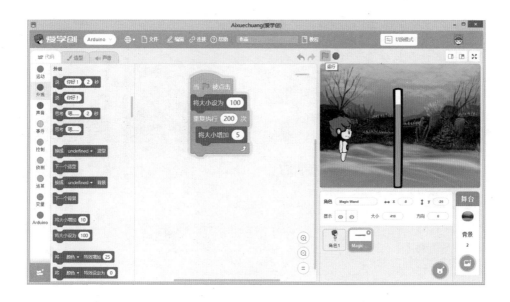

　　金箍棒变大的效果实现了，但是如何让金箍棒不断变小呢？思路和原理与逐渐变大是一样的。因此，我们只需要复制这段程序指令并修改就可以了。将鼠标指针移到你想复制的积木指令上面。点击鼠标右键，在弹出选项中选择"复制"并点击。

　　复制的程序指令就会跟着鼠标指针移动了。只需移动到我们想要的位置，然后点击鼠标左键，就会自动粘到程序上了。

我们这段指令想实现的是让金箍棒逐渐变小。因此,我们将大小增加改为 −5,代表逐渐变小。运行程序测试,金箍棒就从最初的大小开始逐渐变大,然后由大逐渐变小。这样整个过程就实现了。

任务 3 说大就大 说小就小

如果想实现悟空说变大,金箍棒就逐渐变大,悟空说变小,金箍棒就逐渐变小的效果,应该如何实现呢？前面学习过的【外观】模块中的"说你好!"可以帮助我们。拖入"说你好!"到最开始的"重复执行 200 次"中间,将说的内容改为"大大大!"。

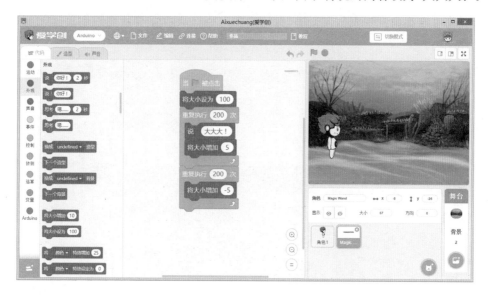

同样,再拖入"说你好!"到第 2 个"重复执行 200 次"中间,并将内容改为"小小小!",代表说"小小小!"的同时,金箍棒不断变小。最后运行程序测试,在说"大大大!"的同时,金箍棒逐渐变大。而在说"小小小!"的同时,金箍棒就不断变小。听话的金箍棒的程序就设计完成了。

秀一秀

你可以让金箍棒先从大变小,再从小变大吗? 或者你有其他的创意来完成这个作品吗?

第7章

七十二变

悟空在三十六般变化和七十二般变化之术中,选择了学习七十二变。他可以任意地变成花鸟虫鱼或飞禽走兽。今天就和悟空一起,来学习他的变化之术吧!

任务1 导入背景及变化造型

首先,在背景库中选择【图案】一栏的光线背景。

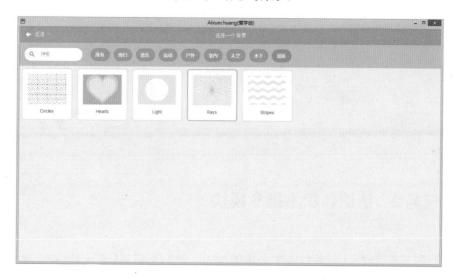

选择悟空角色,点击"积木指令区"上方的【造型】一栏进入造型编辑页面。将造型2删除。

再点击左下方的"选择一个造型"图标,可以选择多个想让悟空变成的造型。这里我们选择【动物】一栏中飞翔的恐龙、蝗虫、鱼三个造型。

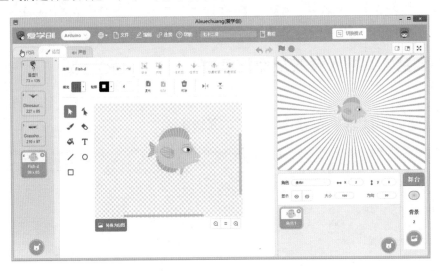

任务2　认识新积木指令模块

回到编程界面,这时舞台区中是鱼的角色。我们可以从【事件】模块中拖入一个新的积木块"当角色被点击",然后拖入【外观】模块中的"换成造型 1 造型"。

大家试一试,"当角色被点击"和"当 🏳 被点击"有什么区别。

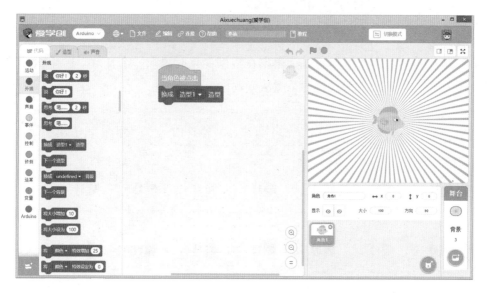

通过尝试,大家可以发现,这里必须将鼠标指针移到舞台区中的角色位置并点击,才可以运行程序。也就是点击之前舞台区中的鱼角色,鱼就变成了悟空造型(造型 1 造型)。

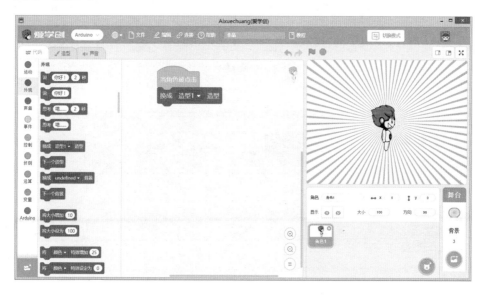

任务 3 添加变化时的音效

为了让程序更加生动，可以为悟空在造型变化时添加一个音效。选择【效果】一栏中的一个声音，这里选择的是魔法音效。

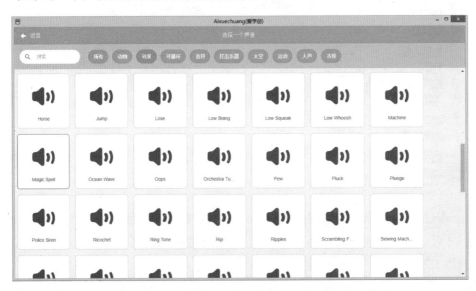

拖入【声音】模块中的"播放声音……"，选择我们刚才添加的魔法音效。

任务4 认识特效模块

接着我们学习【外观】模块中的一个新的积木指令，那就是"像素化特效"。在"将颜色特效增加 25"中选择"像素化"。

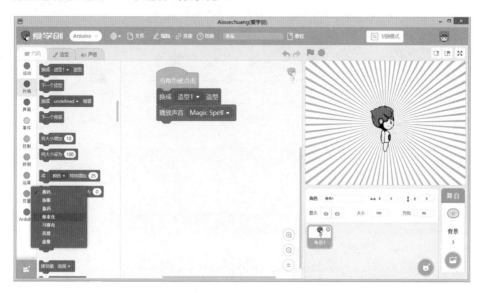

大家可以尝试点击了解这个新接触的积木块。用鼠标点击"将像素化特效增加 25"，就可以发现悟空变成了类似像素的小方块。

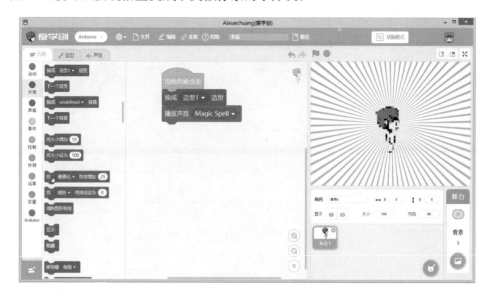

连续点击该模块,悟空就变成了数量更少但单位面积更大的像素方块。大家了解像素模块了吗?

像素化特效的默认值是0,并且从0开始增大和减小的效果是相同的。随着像素化特效数值的增加,图形的像素颗粒越来越大,甚至会变成一个像素方块。

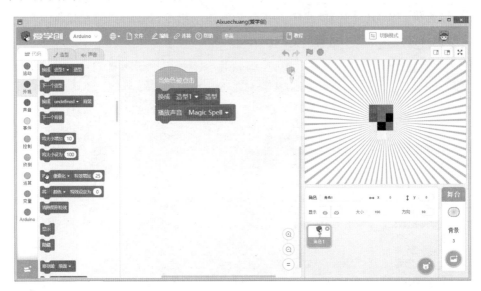

要想清除像素化特效,只需点击"清除图形特效"积木块,悟空就又变回了原来的造型。

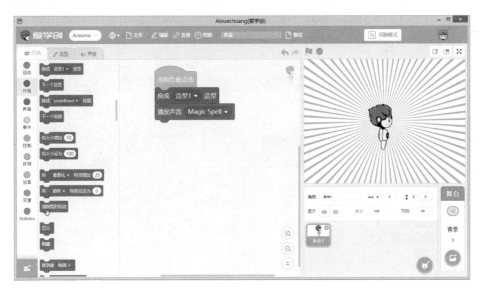

任务5　添加变化特效

了解了像素化特效后,我们就可以用它来实现悟空变身的效果了。拖入【控制】模块中的"重复执行10次",再拖入【外观】模块中的"将像素化特效增加25"。点击舞台中的悟空角色,悟空就渐变成像素化方块了。

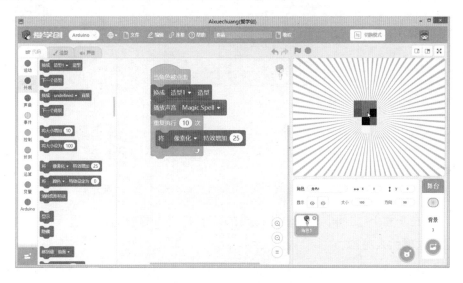

点击【造型】一栏,观察悟空角色的造型,可以发现悟空在造型1后面还有3个造型,编号分别是2、3、4。

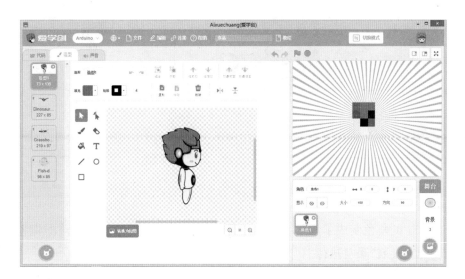

想让悟空实现变身效果，可以通过造型切换来实现。因此，拖入"换成造型 1 造型"模块。这里我们再学习一个新的模块，就是【运算】模块中的随机数，将"在 1 和 10 之间取随机数"拖入椭圆形框中"造型 1"的位置。

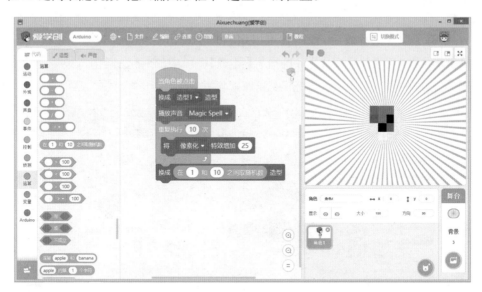

将"在 1 和 10 之间取随机数"改为"在 2 和 4 之间取随机数"。运行程序测试。我们会发现什么呢？

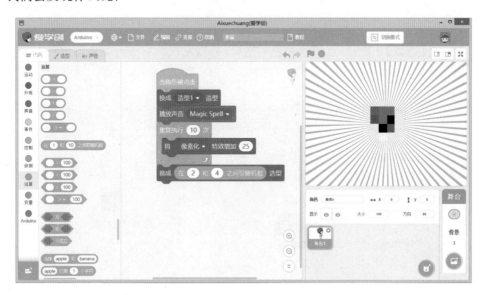

舞台中的角色变成了像素小方块，我们必须把其变回来，回到之前的像素值。让我们先来复制"重复执行 10 次"这段模块。

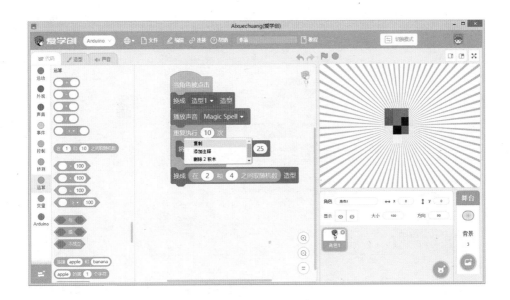

　　然后将刚复制的最下面多余的积木指令拖到左边的"积木指令区中"删除掉。

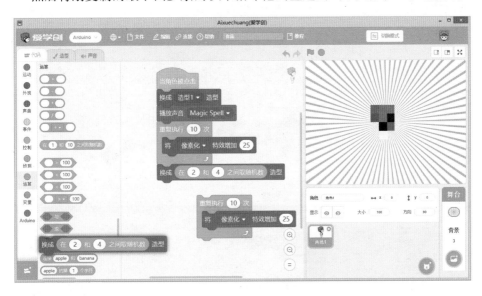

　　之后将剩下的"重复执行 10 次"这段积木指令拖入程序中,并把"将像素化特效增加 25"中的数值改为"－25"。两段"重复执行 10 次"的指令,代表先将像素化特效增加 250,换造型之后,再将像素化特效减少 250。这一增一减,正好让角色的像素化回到程序开始的初始值。

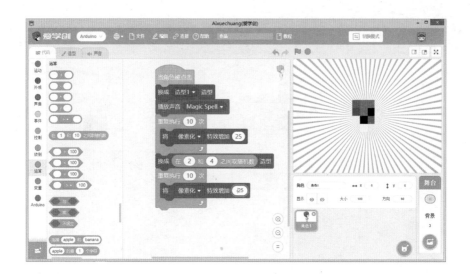

因此，我们在程序开始时，要先拖入"将像素化特效设定为 0"（这相当于清除图形特效）。在程序的最后，让悟空变化之后，拖入"等待 1 秒"（让变化的角色显示1 秒），再拖入"换成造型 1 造型"，代表回到悟空的造型。运行程序，悟空变身的程序就完成了。

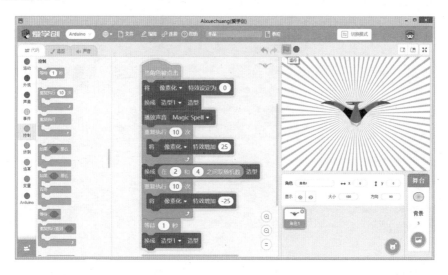

秀 一 秀

在悟空七十二变的程序开始时，"将像素化特效设定为 0"的这个积木块，你还可以用其他模块来实现吗？你可以让悟空实现更多的变化吗？

第8章

分 身 术

悟空有很多本领,其中一个是他在敌众我寡的情况下会使用的本领。你知道这是什么本领吗?

这就是今天要和大家一起学习的分身术。这个本领,可以让悟空变出很多个一模一样的自己来与敌人战斗。

悟空要使用分身术这个本领,变出很多个自己,这在编程中应该如何去实现,又需要用到哪些积木指令呢?

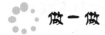

任务1 悟空学会变自己

首先,设定悟空使用分身术的背景。点击右下方"选择一个背景"图标,进入背景库中,这里我们选择霓虹隧道的背景。

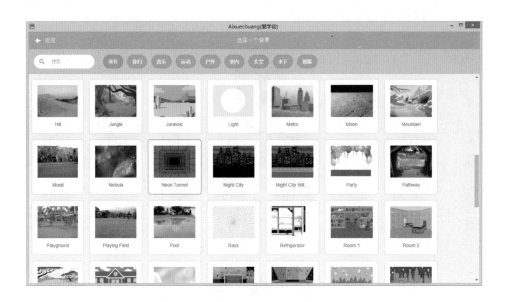

点击之后,选择悟空角色,开始为悟空角色来编写程序。想让悟空变出很多个一模一样的自己,可以使用"克隆自己"的指令模块。只需要拖入【事件】模块中的"当▶被点击",再拖入【控制】模块中的"克隆自己"。这样,每当程序启动时,悟空就会克隆自己了。点击绿旗运行一下程序,却发现并没有看到悟空变出一模一样的自己,这是为什么呢?

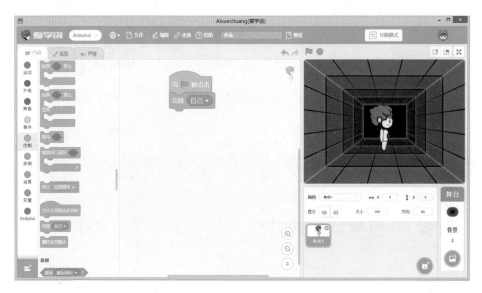

原来,克隆出的悟空是将位置信息等全部克隆了。相当于复制出了一个连位置都一样的自己,于是这两个悟空就重叠到了一起,导致我们看到的好像只有一个悟空。

任务 2　让悟空分身出现在不同的地方

我们如何知道悟空已经克隆出了分身呢？

用鼠标拖动"舞台区"中的悟空，会发现下面还有另一个悟空。另外，也可以用程序让克隆的悟空跑到另外一个位置，不让他们重叠。因此，拖入【控制】模块中的"当作为克隆体启动时"，再拖入【运动】模块中的"在 1 秒内滑行到随机位置"，代表只要悟空克隆了自己，这个克隆体就会跑到舞台的一个随机的地方。

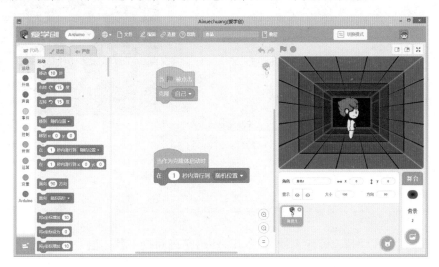

点击绿旗运行程度，另一个悟空果然就出现了。

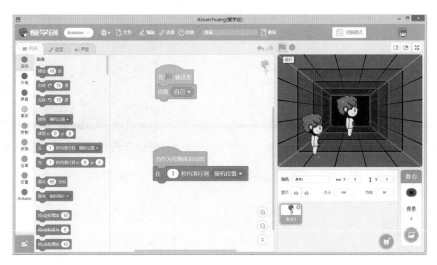

任务 3 设定变出多少个悟空

我们还可以设定悟空变出多少个自己实现分身。拖入【控制】模块中的"重复执行 10 次"将"克隆自己"包围起来，代表悟空会变出 10 个自己来。

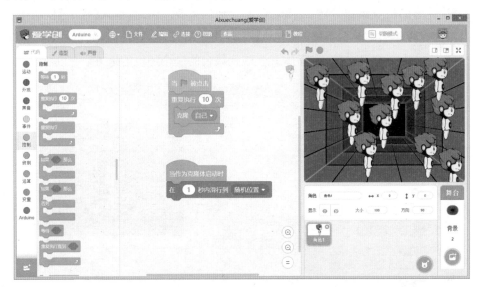

我们也可以加入"等待 1 秒"积木块，使悟空每间隔 1 秒变出一个自己，让敌人不知道到底有多少个悟空会出现。运行程序，悟空就会一个一个地出现了。

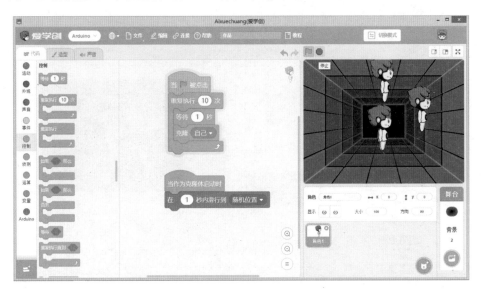

任务 4　为分身设置音效

为了让作品更生动，还可以加入音效。选择声音库中【效果】一栏中的一个音效。

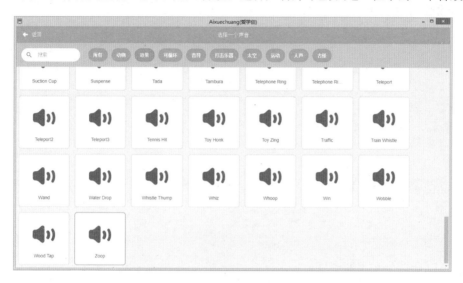

回到编程界面。点击【声音】模块中的"播放声音……"选择我们添加的声音。选择好播放的声音之后，将"播放声音……"拖入"当作为克隆体启动时"的下方，代表克隆体启动时就会播放这个声音。运行程序测试，一个个悟空先后出现在舞台中，悟空分身术的程序就编写完成了。

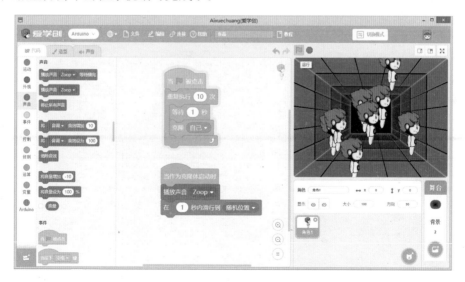

　　你可以让悟空在一瞬间变出很多个自己吗？你的悟空分身术的作品还可以实现哪些创意呢？

第9章

五行山脱困

悟空学到了一些本领,有些得意忘形了,将谁都不放在眼里。终于,他受到了惩罚,被压在了五行山下。转眼间,五百年已到,悟空幡然醒悟。谁来帮助悟空脱困五行山呢?

想一想

悟空从五行山下脱困,是一个什么样的场景? 需要哪些角色和背景? 如何通过编程来创作这个作品呢?

做一做

任务1　导入背景及角色

首先,进入背景库选择一个合适的背景,这里我们选择的是空间的背景。

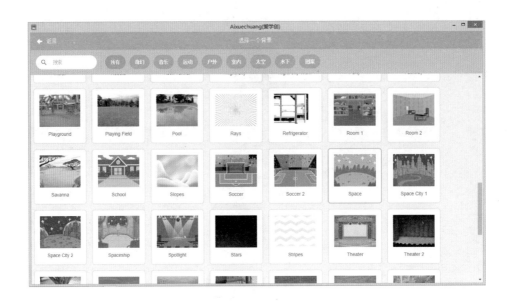

再进入角色库，我们仍可以选择石头作为角色。后面可将石头的造型做一些变化。

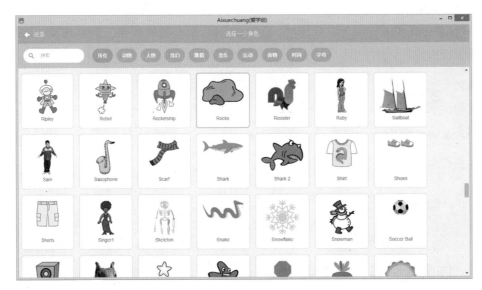

悟空脱困，还需要师父的帮助。进入角色库，选择师父。在选择了背景和角色之后，将师父在【造型】一栏中实现水平翻转（详见前面章节）。用鼠标拖动各角色到舞台的合适位置。

任务 2　设定五行山角色

石头太小，如何让石头变成大山呢？之前学习过，【外观】模块中的指令可以帮助我们。拖入"当 ▶ 被点击"，再拖入【外观】模块中的"将大小设为100"并将数值改为350。点击绿旗运行程序，石头就变成了大山。

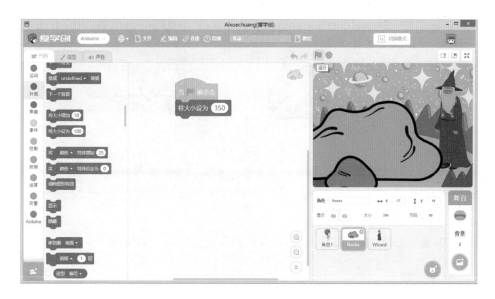

点击"积木指令区"上方的【造型】，我们将石头造型略做修改。首先，删除多余的石块造型。

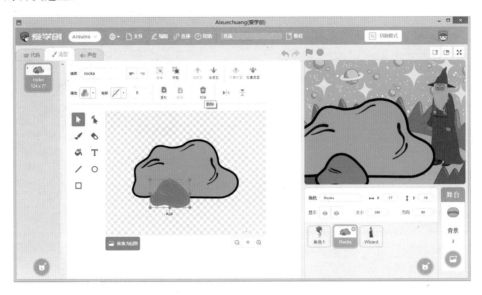

点击选择工具，还可以拖动鼠标将造型进行拉伸。然后点击变形工具，将大山多余的纹路删除。

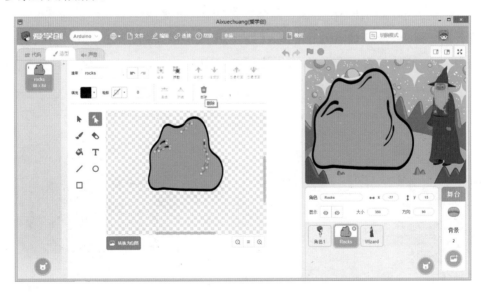

点击文字工具，给大山输入名字"五行山"，五行山角色就完成了。

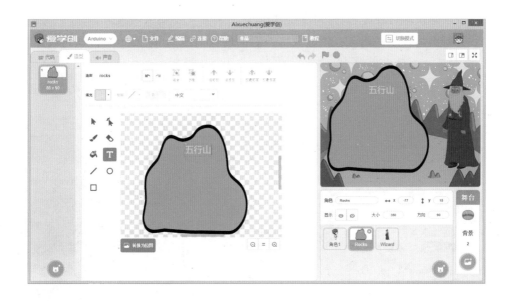

任务 3　为五行山设定特效

接着要为五行山角色编写程序了。这里我们拖入【外观】模块中的"将颜色特效设定为0"并改为"将虚像特效设定为20"。

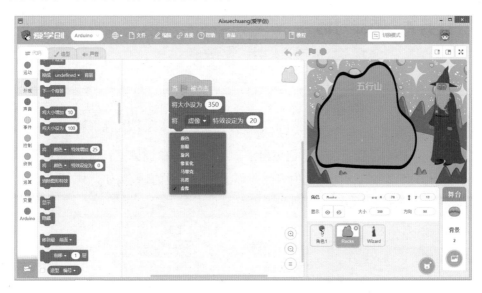

点击绿旗运行程序，大家发现了什么？

五行山角色变透明了。将虚像特效后面的数值改为 50 或 100 再运行程序试试，又有什么新的发现呢？

再将虚像特效设定回 20。点击绿旗运行程序后，五行山角色变透明，就可以看到悟空被困在里面了。

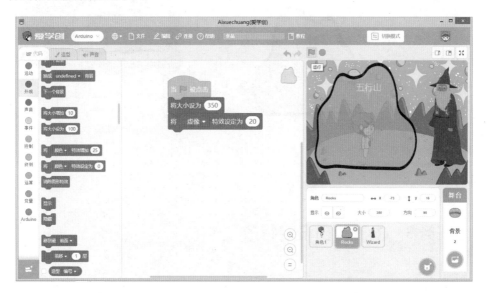

任务4　师徒对话

接着为悟空角色编写程序。先拖入"当 🚩 被点击"，再拖入"移到 x：……y：……"（悟空此时所在的位置坐标），代表每当程序运行时，悟空就从此位置出场。拖入"移到最前面"并将内容改为"后面"，这样悟空就不会"跑出"五行山了。由于过了五百年，悟空已经迫不及待地想出来了，因此他开口说话了。拖入【外观】模块中的"说你好！2 秒"，并将说的内容改为你想让悟空说的话，例如，悟空说"已经五百个春秋了，谁会带我出去？"2 秒。

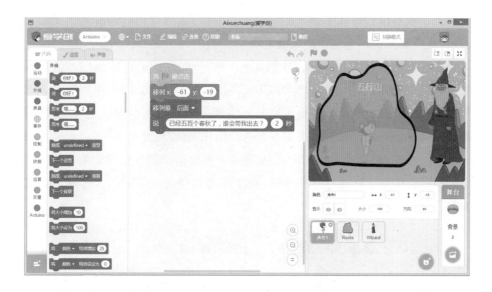

下面为师父角色编写程序。拖入"当 ▶ 被点击"。首先让师父隐藏，将师父角色调到合适大小，这里将大小设为 80。然后等待 2 秒，让悟空说完话再显示师父说"悟空，为师来带你出去。"2 秒。

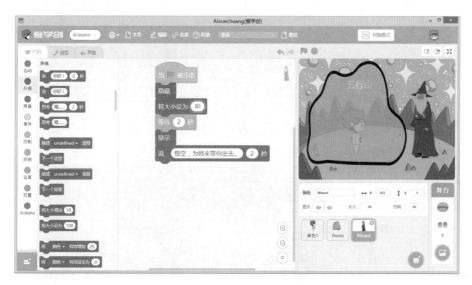

任务 5　五行山的询问

五行山是负责困住悟空的，可不能轻易就把悟空放出去，必须要等到从东土大唐而来去求取真经的师父路过才能带走悟空。因此，五行山听到有人说要带悟空出去时，就需要验证一下这个师父的来历。

点击五行山角色，同样拖入"移到 x：……y：……"（此时位置坐标），代表程序开始时角色所处的位置。由于悟空和师父各说话 2 秒，共计 4 秒，因此拖入"等待 2 秒"并将"2 秒"改为"4 秒"。这里我们需要用到一个新的指令模块，那就是【侦测】模块中的"询问……并等待"。大家点击这个模块，会发现什么呢？

大家会发现，使用这个积木块，会出现一个回答框。回答框中需要输入一个回答，并且回答需要与设定的答案一致，程序才可以接着往下运行。因此，拖入【侦测】模块中的"询问……并等待"。

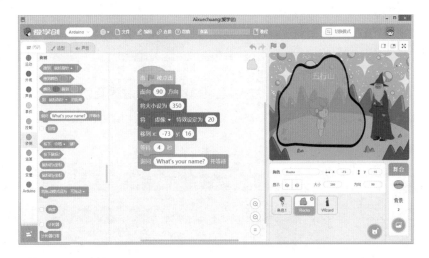

将询问的内容改为你想问的问题。我们可以让五行山询问"你从哪而来？"并等待回答。运行程序，悟空师徒对完话之后，五行山就开始询问师父从哪而来。

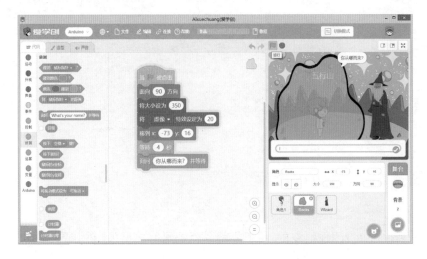

任务6 对师父的回答进行认证

接着就应该输入回答了。拖入【控制】模块中的"如果……那么",再加入【运算】模块中的"……=……",拖入【侦测】模块中的"回答"。

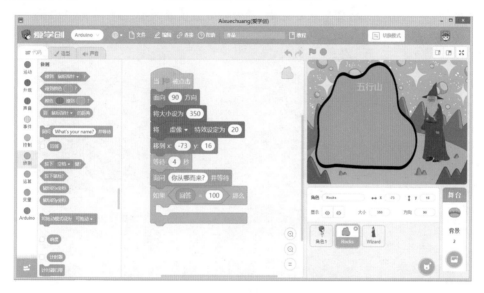

"如果回答＝"后面的内容就是我们需要设定的答案,例如,这里我们设定答案为"东土大唐","那么"后面就是程序要执行的下一个指令。

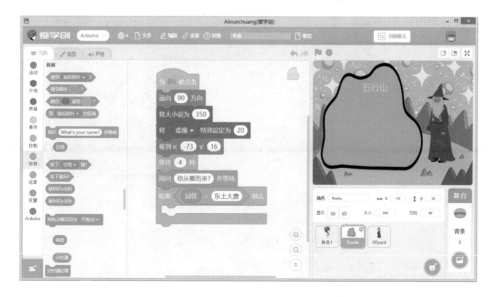

现在我们来设计下一个指令。可以先将五行山的颜色特效设定为 0,代表五行山不再是透明的。接着我们来学习另一个新的积木模块"鱼眼特效"。在"积木指令区"的【外观】模块中,找到"将颜色特效增加 25"并改为"将鱼眼特效增加 25"。我们可以用鼠标点击该模块。大家发现舞台中的五行山角色有什么变化呢? 如果将 25 改为 -25,再点击,大家发现又有什么变化呢?

大家可以发现,鱼眼特效的数值默认是 0,随着特效数值的增加,图形中心会像鱼眼一样凸出;相反,如果从 0 开始,随着特效数值的减小,图形中心会凹陷。

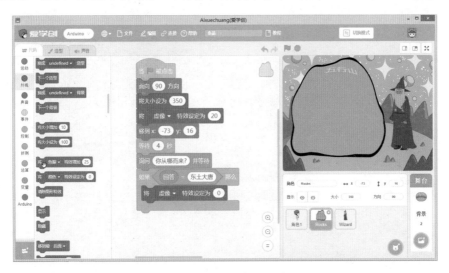

了解了鱼眼特效的功能之后,我们可以设定程序在收到正确的回答"东土大唐"之后来使用鱼眼特效,让五行山具有膨胀的效果。拖入"重复执行 10 次",再拖入"将鱼眼特效增加 25"。

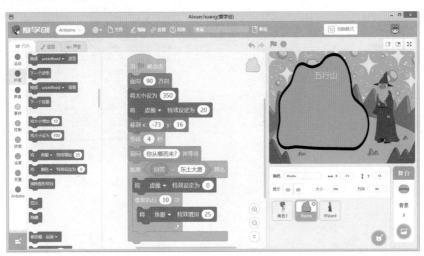

运行程序查看效果，还可将数值进行修改，达到想要的效果。这里我们将重复执行的次数改为50，将鱼眼特效增加的数值改为10。特效运行完后，再让角色隐藏，代表让悟空脱困。

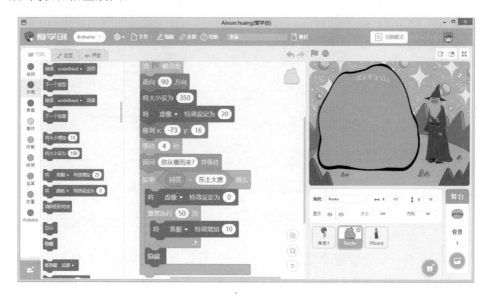

任务7　加入音效

还可以在特效运行和角色隐藏时分别加入音效，这里我们选择两个音效。

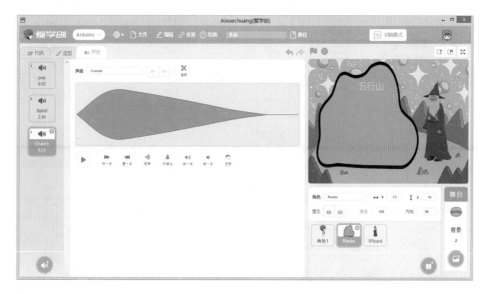

将选择的两个音效分别以"播放声音……"的积木块形式拖入程序中。

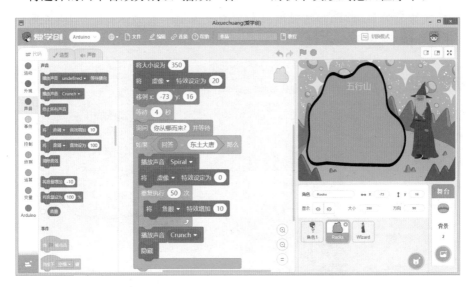

由于角色在最后隐藏了,再次启动运行程序时,我们还需要让角色显示出来,因此拖入【外观】模块中的"显示"到程序开始时。

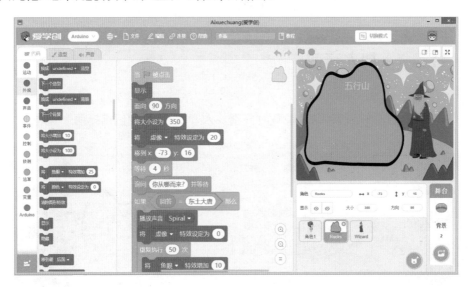

任务 8　悟空脱困

当师父回答正确,五行山消失之后,就应该为悟空继续编写程序了。这时,我们可以通过判断悟空是否碰到五行山角色来设计程序。由于五行山一直困着悟空，因此悟空和五行山角色是碰在一起的。我们可以拖入"等待……"积木块，再加入"……不成立"积木块。

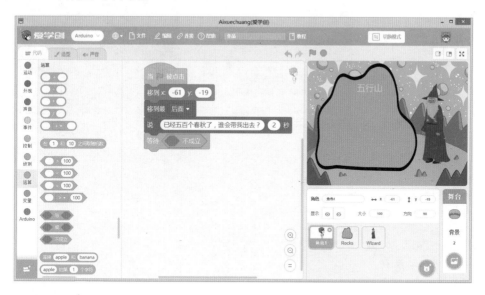

拖入"碰到鼠标指针？"，并将"鼠标指针"改为五行山的角色，代表五行山隐藏时，悟空就碰不到五行山角色了，此时就会执行下一段指令。

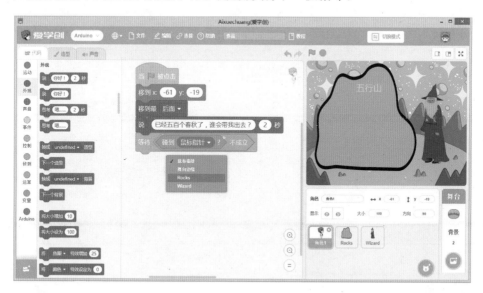

再拖入"等待1秒"，让悟空说"师父师父，悟空出来了！"2秒。运行程序测试，五行山脱困的程序就设计完成了。

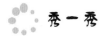

同学们，悟空被师父带出来之后，他又会说些什么呢？你可以顺着这个情节，往下拓展吗？

第10章

金箍棒画圆

如意金箍棒是悟空非常得意的一个兵器。关于如意金箍棒有很多传说。传说如意金箍棒是东海的一根定海神针，也传说它是古代大禹治水的一个兵器。如意金箍棒有很大的魔力。在《西游记》的故事中，每当悟空出去化缘，留下唐僧一个人在荒郊野外的时候，悟空就会用如意金箍棒画一个圆圈，让师父坐在里面不要出去。据说这个圆圈可以驱离妖怪。悟空画的这个圆圈，在数学中，就是一个圆。圆是生活中常见的一种形状，例如手镯、水管截面、车轮、足球、篮球等都是圆形的。

想一想

圆在我们生活中起着不小的作用。想一想，上述圆形的物体如果是方形或者其他形状，将会产生什么样的后果呢？今天我们用编程软件来绘制一个圆。想一想，圆有什么特点呢？应该怎么来绘制呢？

做一做

任务1　让金箍棒变画笔

首先我们需要找出金箍棒角色，并对其造型做适当的编辑（详见前面章节）。

想一想，金箍棒角色是怎么添加和编辑造型的？

让金箍棒画圆，需要学习一个新的内容，那就是添加扩展。点击左下角的"添加扩展"图标。

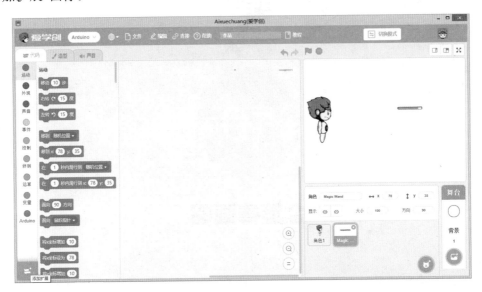

点击后就进入了添加扩展的界面。这里面有很多新的模块，大家可以都体验一下。我们这里需要的是【画笔】模块，选择【画笔】模块并点击它。

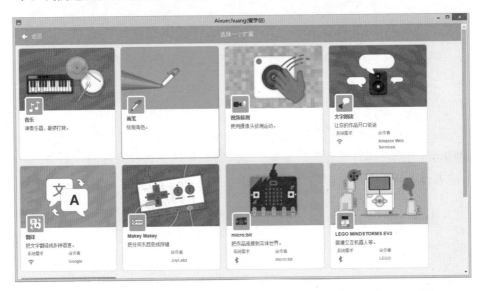

在"积木指令区"中，就出现了【画笔】模块。我们可以编写简单的程序，并用鼠标点击这些积木块，看看每个积木块可以实现什么效果。

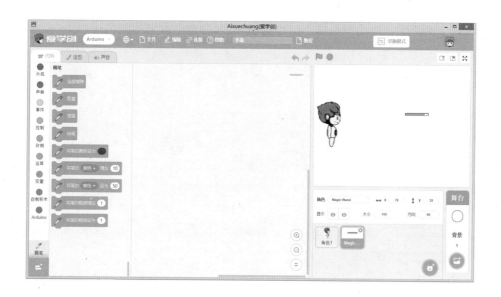

任务 2 让金箍棒开始画画

画笔就和笔一样,如果想让金箍棒画圆,那么我们就得落笔开始画画了。首先拖入"当 ▶ 被点击"和"落笔"积木块。当然,我们还需要设定笔的颜色,因此拖入"将笔的颜色设为"。

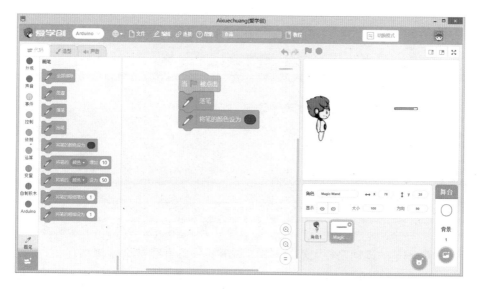

怎么设定我们想要的颜色呢?点击"将笔的颜色设为"后面的椭圆形框,就会

出现一个调色框。拖动调色框上的小圆钮,就可以改变画笔的颜色了。

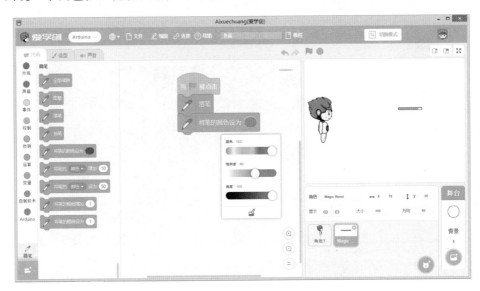

　　这里我们调出一个红色。接着该设定笔的粗细和运动的路径了。拖入"将笔的粗细设为……"并将数值改为6,再拖入"移动10步"作为画笔运动的路径。点击绿旗运行程序,我们却没看到金箍棒画出什么来,这是为什么呢?

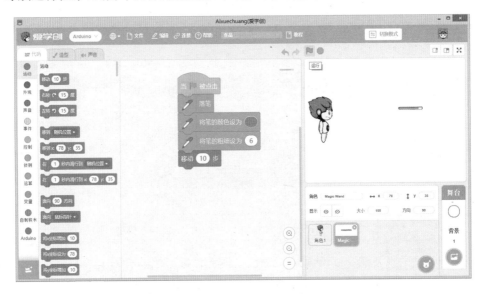

　　原来,画笔的运动路径太小,金箍棒画出的一条直线被金箍棒挡住了,所以我们没有看到画出的这条直线。这时,我们可以将"移动10步"数值变大一些,改为"移动50步"。再运行程序,金箍棒就画出了一条直线。

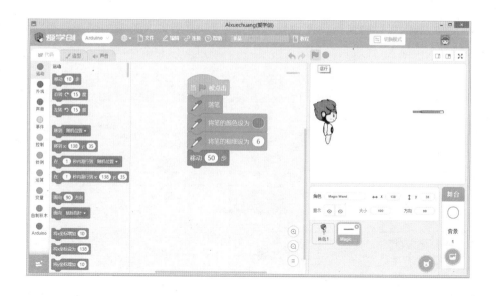

任务3　让金箍棒画圆

金箍棒光画直线是得不到圆的。同学们想一想,应该怎么画圆呢?

"右转15度"积木块可以帮助我们,拖入"右转15度"。再运行程序,金箍棒就先移动50步再右转开始画画了。这是我们想要的圆吗? 同学们发现了什么问题呢?

我们发现如果多次点击绿旗运行程序,一是金箍棒很快就跑到舞台边缘看不见了,二是画的形状不是那么圆,三是之前画的内容还没有消失。该如何调整呢?

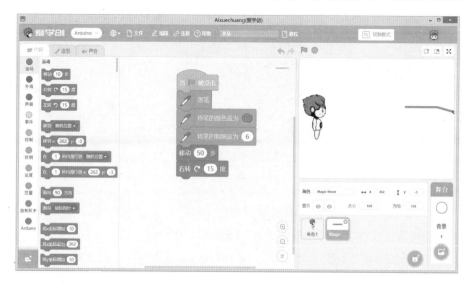

这里，我们可以将金箍棒拖到舞台的正上方，留出更大的绘画空间。将"全部擦除"积木块拖入，代表每次程序运行时，之前画过的内容全部清空。

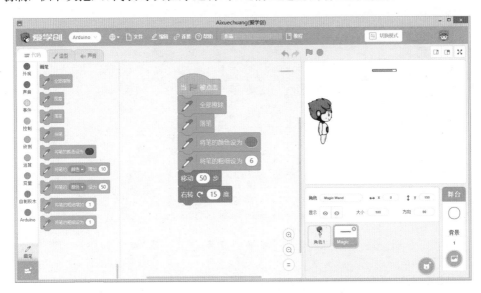

同时，拖入"移到 x：……y：……"，再拖入"面向 90 方向"，代表每次程序启动时，金箍棒都在这个位置并面向这个方向。

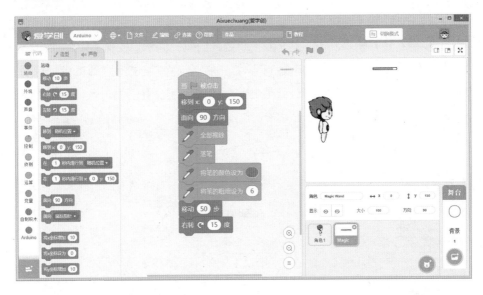

由于每次金箍棒拖出长长的横线再右转 15 度的弯，所画的形状不是那么圆，因此我们可以让其移动一小步就开始右转来画圆。我们将"移动 50 步"改小为"移动 2 步"，将"右转 15 度"改为"右转 1 度"。运行程序，发现程序一运行就瞬间停止了。

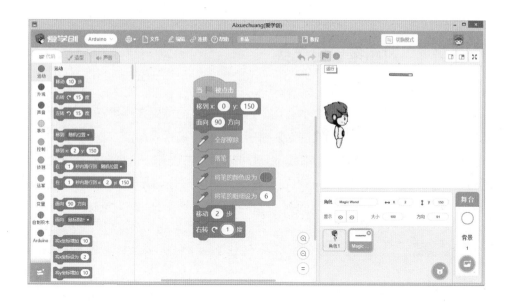

因此，我们要拖入"重复执行 10 次"积木块，让金箍棒重复执行一定的次数画出一个完整的圆。大家想一想，应该重复执行多少次呢？

在数学课堂中大家都使用过圆规，知道圆是围绕一个中心点以相同的半径旋转 360 度得到的。由于金箍棒每次右转 1 度，因此要重复执行 360 次，也就是右转 360 度才能画出一个圆。将"重复执行 10 次"改为"重复执行 360 次"。

点击绿旗运行程序，金箍棒就旋转 360 度画出了一个圆。但是，我们却发现，金箍棒好像是用中间的部分画的圆，而不是用其中的一端画的圆。这又是为什么呢？

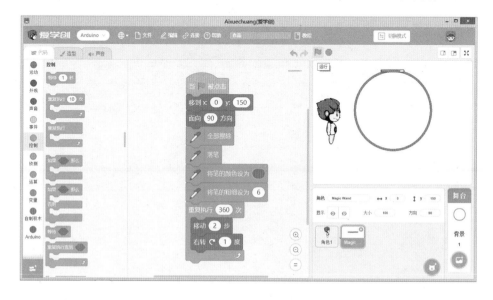

任务 4　为画笔设定笔头

原来，每个角色都会有一个中心点。这个中心点的位置在哪里，就决定了用哪里来落笔画画。点击金箍棒的【造型】一栏，进入造型编辑界面。

点击选择工具，将金箍棒向右拖动，就可以看到左边有一个小圆心。这就是角色的中心点。由于之前这个中心点在金箍棒的中间部分，因此运行程序的时候，使用的是金箍棒的中间部分在落笔画圆。这次我们将金箍棒的一端对准这个中心点。

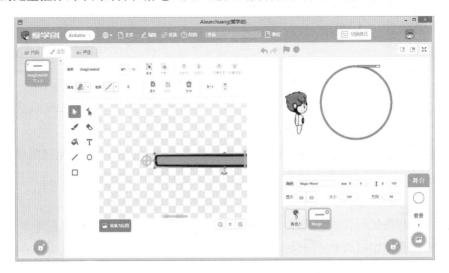

再回到编程界面运行程序，金箍棒就用一端落笔画出了一个完整的圆。

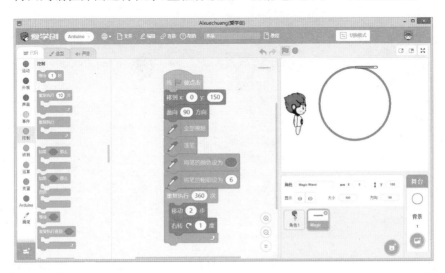

我们如何改变圆的大小和颜色呢？改变哪些指令可以改变圆的大小呢？

隐 身 法

悟空学习的很多本领,在关键时刻都派上了大用场。这次,悟空来到了一个人迹罕至的山洞,洞口有许多枯树枝。蜘蛛精在此地静待悟空前来,与之一战。

 想 一 想

这次悟空将使用他的隐身法。你计划如何使用编程的本领,让悟空的隐身法大放异彩呢?

 做 一 做

任务1 引入背景和蜘蛛精

首先,我们需要引入故事的一个背景,可以选择【户外】一栏中带有山脉和树枝的背景。

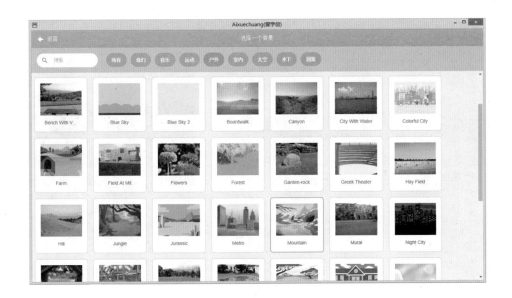

接着，选择角色库中的蜘蛛角色作为蜘蛛精。

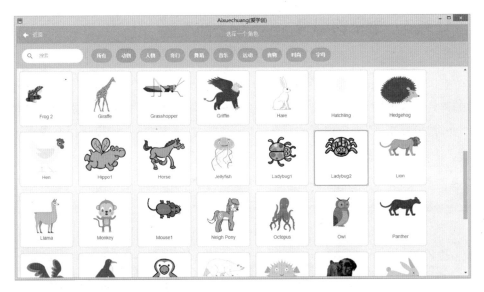

任务 2　给蜘蛛精设定程序

先拖入"当 🚩 被点击"，再拖入"移到随机位置"并改为"移到鼠标指针"，加入"重复执行"。运行程序，蜘蛛精就会跟着鼠标指针走了。

任务 3　悟空的隐身

点击悟空角色，拖入"移到 x：……y：……"，代表每次程序启动时，悟空都从此时的舞台位置出场。拖入"如果……那么……否则……"，再拖入"如果碰到鼠标指针"并将"鼠标指针"改为蜘蛛的角色。"那么"后拖入"隐藏"，代表让悟空隐藏，并拖入"移到随机位置"。

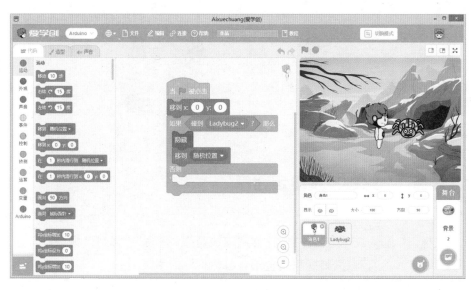

任务 4 加入隐身的音效

我们给悟空隐身加一个声音效果,在声音库中,可以选择【效果】一栏中的一个音效。

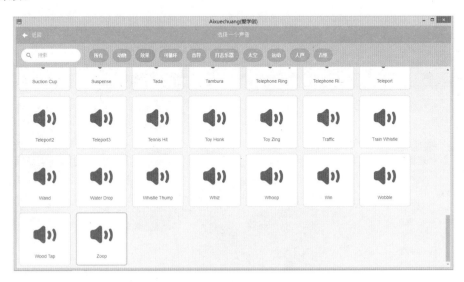

在"移到随机位置"下面加入"播放声音⋯⋯等待播完",代表悟空隐身移动时会播放这个音效。"否则"后拖入"显示",代表只有悟空在触碰到蜘蛛精的情况下才会隐身,不碰到则不隐身。

任务 5　悟空的隐身和再出现

当然,别忘了加入"重复执行",让这段指令一直执行。

最后,点击绿旗运行程序,蜘蛛精就会一直跟着鼠标指针,每当移动鼠标靠近悟空时,悟空就会使用隐身术并随机移动到另外一个位置再出现,这样蜘蛛精就无法实施靠近攻击了。

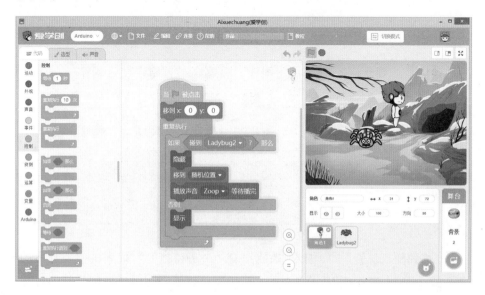

在这个悟空面对蜘蛛精使用隐身术的简单程序中,你可以加入更多自己的创意吗?你是如何实现的呢?

第12章

定 身 术

悟空有一个本领，在紧急时刻，可以将敌人定在那里一动不动，然后悟空就可以将敌人收服。大家知道这是什么本领吗？这次，悟空在海底就遇到了一条游向自己的大鲨鱼，可正当鲨鱼靠近悟空然后张大嘴想把他吞到肚子里的时候，悟空喊了一声"定！"，鲨鱼就被定在了原地不能动弹。

想一想

根据上面的场景，该如何设计悟空对大鲨鱼使用定身术的程序呢？

做一做

任务1 海底遇到鲨鱼

首先进入背景库，选择一个海底的背景。

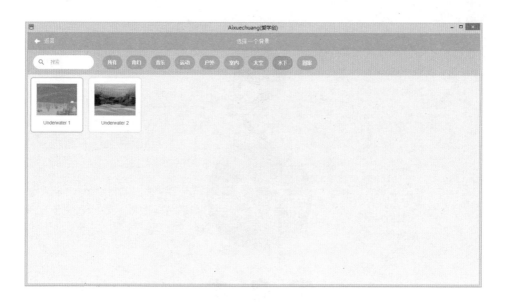

接着进入角色库，选择一个鲨鱼的角色。

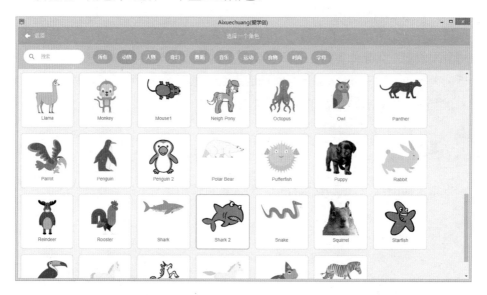

任务 2　鲨鱼游向悟空

首先可以先为鲨鱼来编写程序。拖入"当 ▶ 被点击"，再拖入"移到 x：……y：……"，代表每次启动程序时，鲨鱼都在此位置出场。鲨鱼出场之后，要游向悟空，因此，拖入"面向角色1"（悟空），拖入"移动10步"，代表鲨鱼向悟空靠近。

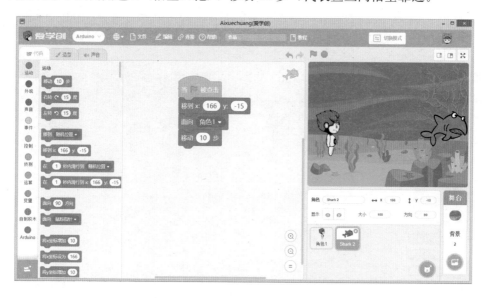

运行程序测试，发现鲨鱼倒立了。想一想，如何让鲨鱼直立过来呢？

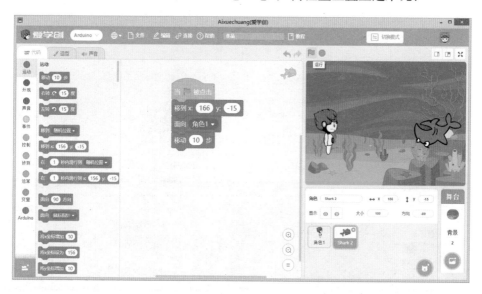

可以点击方向后面的椭圆形框，点击"左右翻转"图标，这样鲨鱼就会直立过来了。

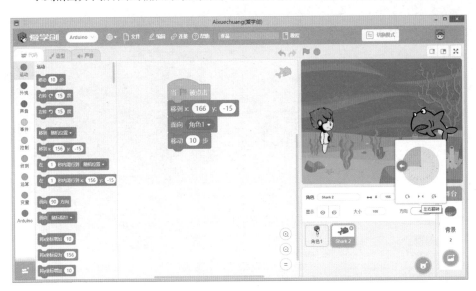

面向悟空的移动应该是重复执行的，因此拖入"重复执行"。

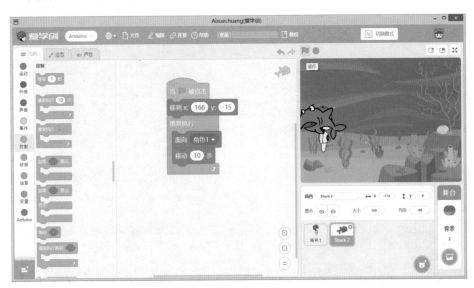

任务 3　让鲨鱼张嘴

鲨鱼想吃掉悟空，我们可以给它设计一个张大嘴咬合的动作。点击"积木指令区"上方的【造型】,可以看到鲨鱼有张大嘴的造型。

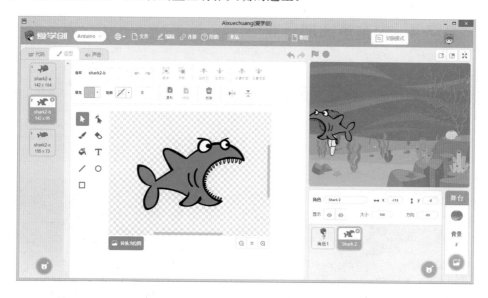

因此我们可以将鲨鱼的造型不断切换来实现动态效果。拖入两个"换成……造型"在"重复执行"之中,并分别选不同的造型,代表让鲨鱼在两个造型间不断切换。为了防止程序运行太快,我们看不到变化,可以在两个造型之间加入"等待 1秒"并将时间改为 0.2 秒。同时为了让鲨鱼游得再快些,将"移动 10 步"改为"移动20 步"。运行程序,就可以看到鲨鱼开始不断开合着大嘴冲向悟空了。

任务4　为鲨鱼添加音效

在鲨鱼角色中，点击"积木指令区"上方的【声音】，可以看到三个声音列表。播放试听之后，选择一个音效。

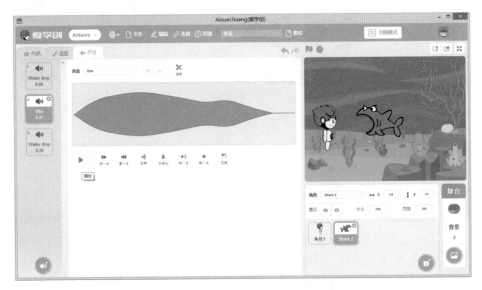

拖入"播放声音……"到"重复执行"中，并选择一个音效。再运行程序，鲨鱼在游动的同时，就带有声音的效果了。

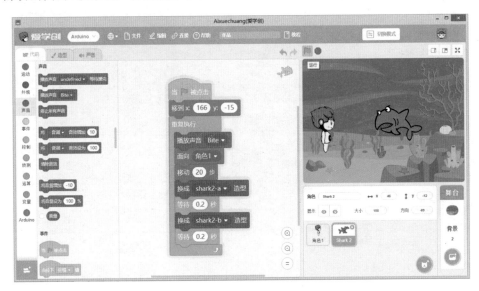

任务 5　悟空使出定身术

　　接着,我们就可以为悟空编程了。我们可以让悟空在关键的时候使用定身术。因此,拖入【控制】模块中的"如果……那么……",再拖入【侦测】模块中的"碰到鼠标指针"并将"鼠标指针"改为鲨鱼角色。这个时候,我们可以使用一个新的积木模块,那就是【事件】模块中的"广播……"。

　　"广播……"这个指令代表什么呢? 代表着各角色和背景之间可以通过发送广播来传输指令。也就是当一个角色或背景广播一个消息时,所有角色(包含广播消息者自身)都可以选择接收到该消息。任一角色或者背景如果选择接收到该消息,即可运行为接收到消息之后编写的指令。这里我们可以通过让悟空发送广播来更好地理解这个指令的作用。

　　拖入"广播……"到"如果……那么……"指令中,代表如果碰到鲨鱼角色,悟空就可以广播一个消息。

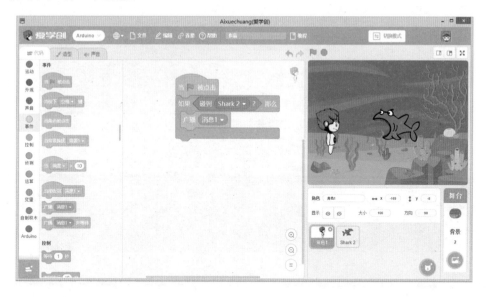

　　点击"广播……"中间的椭圆形框,就会弹出选项,选择"新消息"。

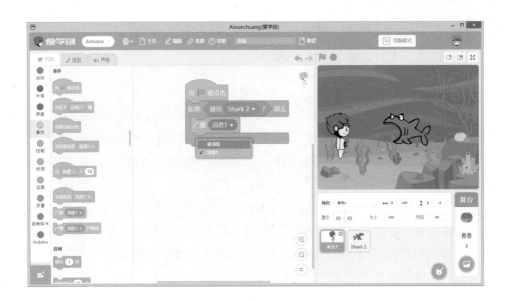

为新消息取个名字"定"或者其他合适的名字。

点击确定之后，就回到了编程界面。我们发现拖入的"广播……"变成了"广播定"。

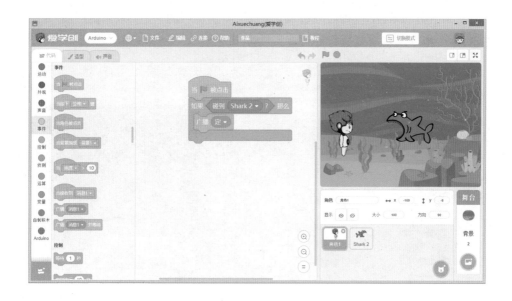

任务6　让鲨鱼定在原地

　　选择鲨鱼角色，拖入"当接收到定"和"换成……造型"，代表接收到"定"这个消息时，换成鲨鱼 b 的造型，也就是鲨鱼张嘴的造型，再停止全部脚本。运行程序测试，发现并没有出现鲨鱼被定住的效果。这是为什么呢？

回到悟空的角色中，我们分析发现，如果碰到鲨鱼的角色，那么就广播"定"的消息，这个指令没有重复执行导致鲨鱼没被定住。

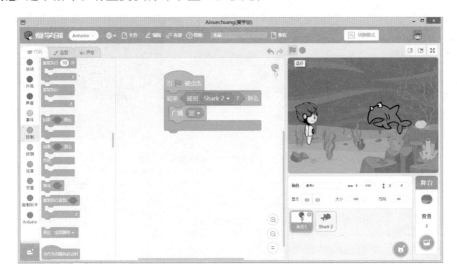

因此，拖入"重复执行"。再运行程序测试，当鲨鱼碰到悟空时，悟空广播"定"的消息，鲨鱼就定在那里了。

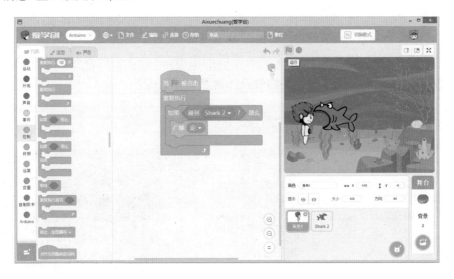

任务 7　悟空说出"定！"的口令

我们还可以让悟空说一个"定！"的口令让鲨鱼定住不动。拖入【外观】模块中的"说你好！"并把内容改为想让悟空说的"定！"。

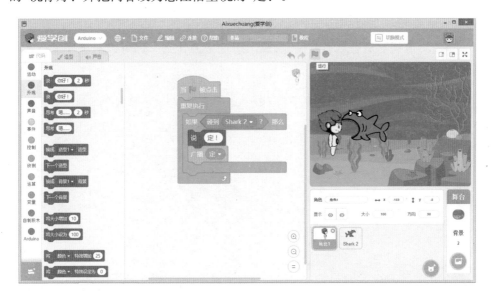

再运行程序测试，发现并没有看到悟空说"定！"的效果。分析程序，发现鲨鱼接收到定的消息之后，会马上停止全部脚本，这会导致悟空说"定"的指令也会停止。所以，将"停止全部脚本"改为"停止该角色的其他脚本"。再运行程序，就实现了悟空说"定！"的同时，鲨鱼就定在那里的效果了。

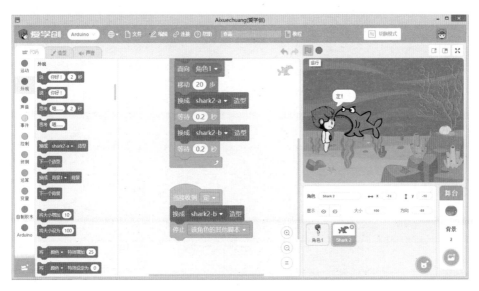

鲨鱼游得是不是有点不流畅呢，想一想这是为什么。你可以对程序进行简单的修改，让鲨鱼游得流畅些吗？

第13章

飞越无底洞

悟空路过无底洞,发现师父不见了。经多处打探,才知道师父被困在无底洞中。无底洞的洞口很小,悟空需要变小才能飞入洞中,在飞行的过程中,不能发生碰撞才可以顺利到达师父身边。

想一想

根据上面描述的情景,你可以创作一个悟空飞越无底洞到达师父身边的作品吗?

做一做

任务1　绘制无底洞

首先,将鼠标移到右下角,选择"绘制"角色图标。

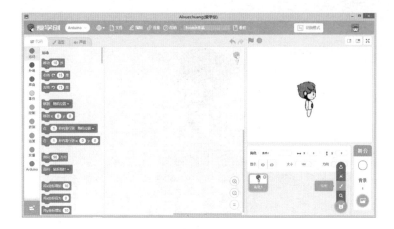

先点击线段工具，再点击轮廓后的框，会弹出一个调色框，拖动颜色、饱和度和亮度上的小圆钮来调出自己想要的颜色。

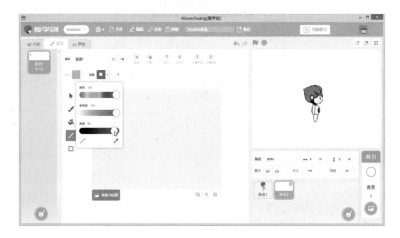

线段轮廓后椭圆形框中的数值代表线段粗细，可调大和调小，我们设为 100。

按住键盘上的 Shift 键，从左到右拖动鼠标，就可以画出一条水平的直线。

点击左侧的选择工具，就会出现复制和粘贴的按钮。先点击复制按钮。

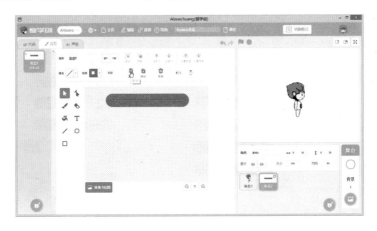

再点击粘贴按钮，就可以粘贴出同样的一条线段。点击几次粘贴，就可以粘贴出几条线段。这里点击三次粘贴。

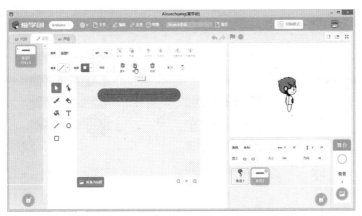

将粘贴出来的三条线段分别拖动排列整齐。

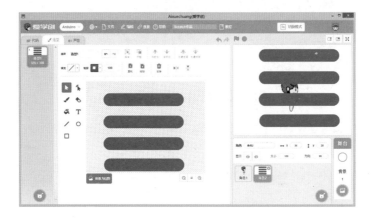

再点击圆形工具。

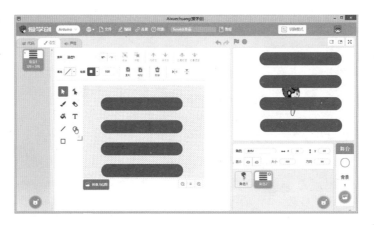

同样,按住键盘上的 Shift 键,拖动鼠标就可以画出一个正圆。点击选择工具后,我们可以将正圆移到线段端点的位置。

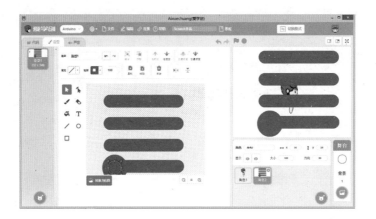

再点击线段工具,画出竖直的一条线段,将两条水平线段的端点连接。

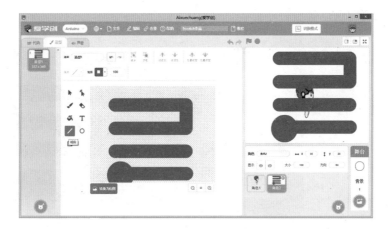

点击选择工具,复制这条竖直的线段。

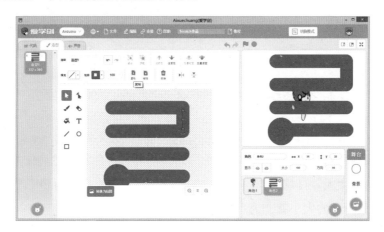

点击两次粘贴,可以粘贴出两条同样的竖直的线段。

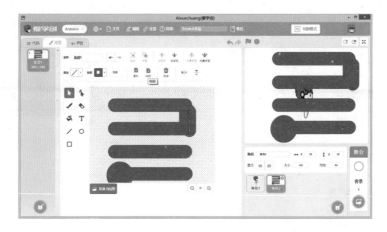

再将两条复制的竖直的线段移动到合适的位置，构成一个弯弯曲曲的"弓"字形，代表无底洞角色就绘制好了。

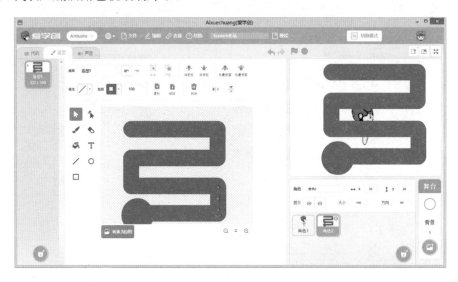

任务 2　师父被困洞中

回到编程界面，点击"选择一个角色"图标，将师父角色从角色库中加入。师父角色在舞台中太大，可以拖入"当▶被点击"，再拖入"将大小设为 30"，点击绿旗运行程序，师父角色的大小就变为了原来的 30%。

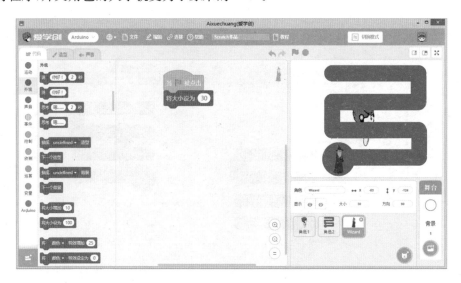

任务 3 寻找师父时的对话

接着将悟空角色拖动到"舞台区"左上角合适的位置。为了让悟空每次都从这里出场来寻找师父,可以拖入"当 ▓ 被点击",再拖入"将大小设为 100"。接着拖入"移到 x:……y:……"(即悟空此时所在的位置)。这段程序代表每次程序运行时,悟空都以 100%的大小,从此时的这个位置出场。

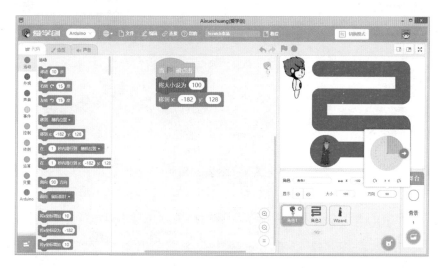

为了让悟空面向无底洞的方向,拖入"面向 90 方向",也就是悟空此时所面向的方向。拖入"说你好! 2 秒"并改为想让悟空说的内容,例如"师父师父,你在哪里?"。

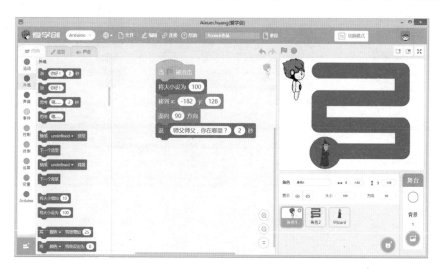

接着该师父说话了，拖入"等待 2 秒"（即悟空说话的时间）。然后拖入"说你好！2 秒"并将说的内容改为"悟空，我被困洞中。"。

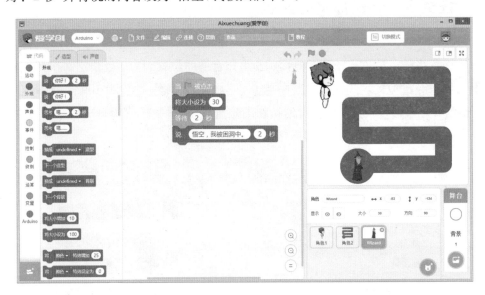

同样，悟空也等待 2 秒让师父说完，然后说"师父，等悟空前来！"2 秒。说完之后，悟空就应该进无底洞了，可是悟空太大，所以拖入【外观】模块中的"将大小设为 25"，代表悟空的大小变为原来的 25%。运行程序，师徒对完话后，悟空就变小了。

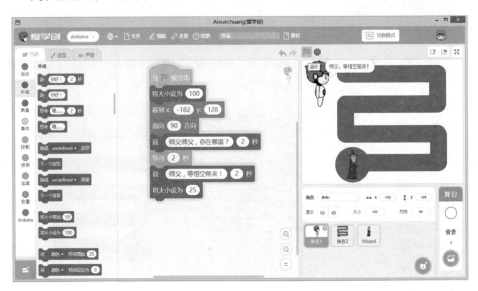

任务4　悟空飞越无底洞

将变小后的悟空拖动到无底洞的入口内。想一想，为什么要拖到这个位置呢？是为了得到悟空此时的坐标。

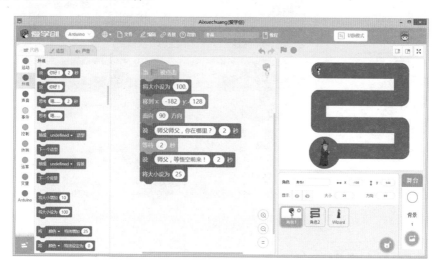

拖入"在1秒内滑行到 x：……y：……"（代表此时悟空的坐标），拖入"移动10步"和"面向鼠标指针"，代表悟空会面向鼠标指针的方向以10步的速度前进。再拖入"重复执行"，让悟空一直面向鼠标指针的方向以10步的速度移动。运行程序测试，发现悟空瞬间就移动到鼠标指针处了，且跟着鼠标指针左右摆动得太快。

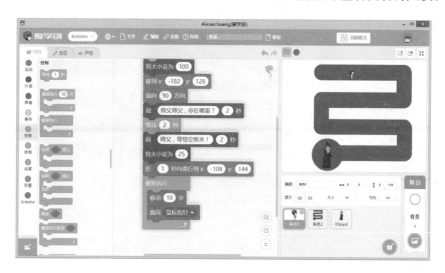

因此拖入"等待1秒"并将时间改为0.2秒,让悟空面向鼠标指针的移动速度慢一些。为了让悟空沿着无底洞一直移动,拖入"如果……那么……",并嵌入【侦测】模块中的"碰到颜色"。

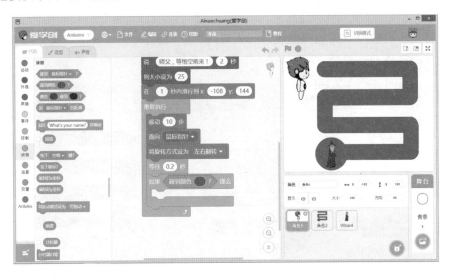

任务5　设定闯关失败

悟空要沿着无底洞飞行,且不能发生碰撞(代表不能碰到外面的白色),因此,点击"碰到颜色"后面的椭圆形框,弹出和造型绘制中类似的一个调色框,这个调色框同样是用来设定颜色的,点击最下面的吸管工具。

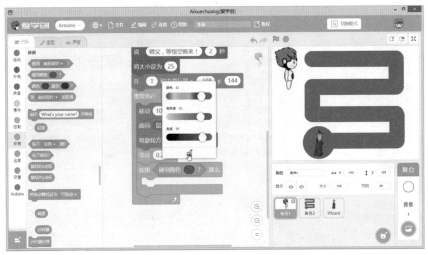

点击吸管工具之后，就可以吸取不想让悟空在无底洞中移动时碰到的白色了。

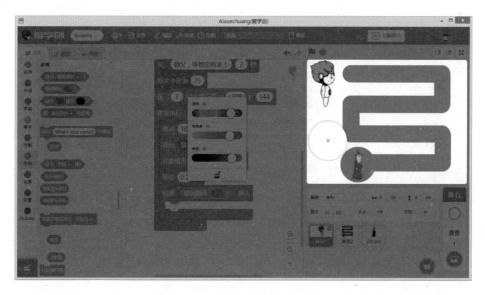

点击白色之后，发现"碰到颜色"后面的颜色就变成了我们刚刚点击的白色，代表将这个颜色用吸管吸取（类似于复制）了。

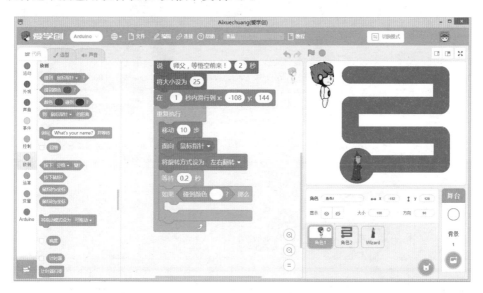

如果悟空进入无底洞，在移动的过程中碰到这个白色，代表悟空发生了碰撞，那么可以设定其闯关失败，将悟空移动到程序刚开始时的初始位置重新闯关。因此，将鼠标移动到"当 ▶ 被点击"时悟空大小及位置方向的初始代码的位置，点击鼠标右键，在弹出的选项框中点击"复制"，代表复制这段代码。

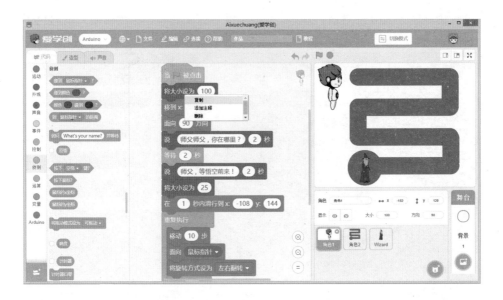

　　我们只留下需要的悟空初始大小、位置和方向的代码,将其他代码拖到"积木指令区"中,就自动删除了多余的代码。

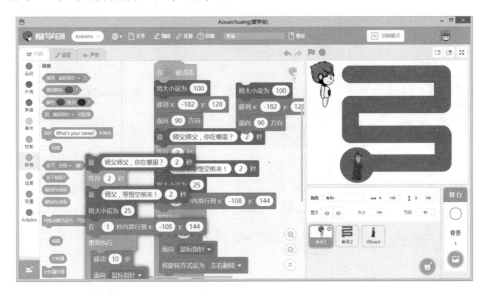

　　将悟空初始大小、位置和方向的三个代码拖动到"如果……那么……"积木块中"那么"的下方。

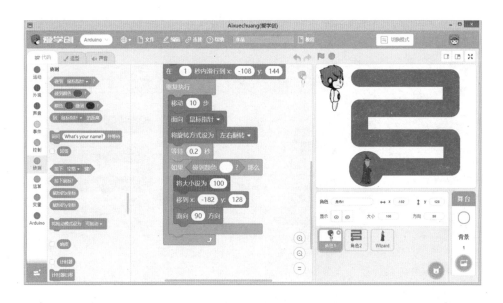

再加入"说你好！2秒"，并将说的内容改为"闯关失败"。停止全部脚本。

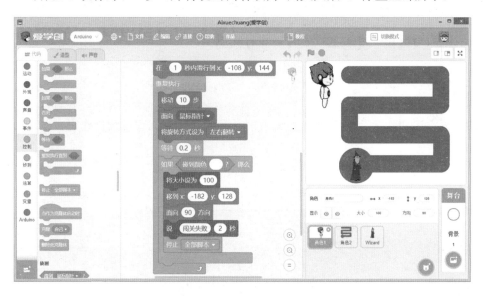

任务6　遇到师父则闯关成功

如果悟空一直沿着无底洞飞行且没有发生碰撞，最终来到师父这里（可理解为师父碰到悟空），那么悟空就闯过了此关。因此，点击师父角色，在"重复执行"中嵌入如果碰到悟空角色,那么师父就说"悟空,你闯过此关!"2 秒。停止全部脚本(程序结束)。

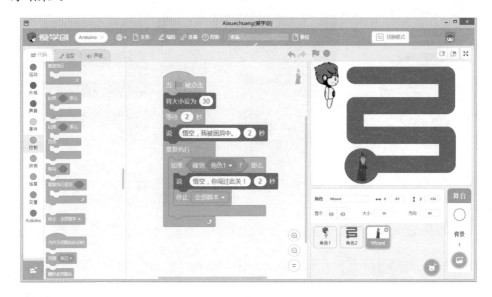

最后运行程序测试,整个程序就设计完成了。

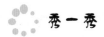 秀一秀

悟空遇到师父后,还会发生什么呢? 你可以用编程知识继续创作吗?

第14章

火眼金睛

皓月当空的一个深夜,悟空在树林中前行,忽然碰到一女子。悟空想:"深山老林,三更半夜,此处为何有一女子?"于是悟空使用了火眼金睛的本领。

 **想一想**

如果你来创作这个编程作品,你会使用哪些角色及积木指令来创作这个故事呢? 今天我们就一起来创作一个火眼金睛的作品吧。

 **做一做**

任务1　深山老林中的歌唱家

首先,需要导入深山老林的背景,从背景库【户外】一栏中选择一个深山老林的背景。

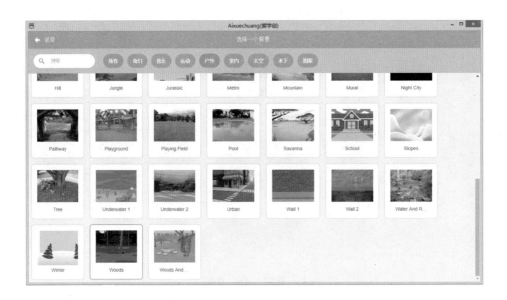

接着进入角色库【人物】一栏中,选择一个女子歌唱家的角色。大家也可以选择其他自己觉得适合的角色。

任务 2 悟空的疑惑

接着给悟空角色编写程序。拖入"当 ▶ 被点击",设定程序开始。再拖入"说你好！2秒"并改为想让悟空说的内容，例如"深山老林，三更半夜，此处为何有一女子？"。

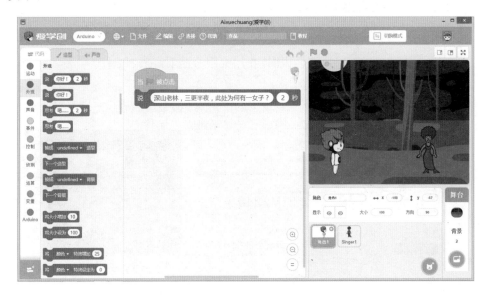

接着，为女子角色编写程序。拖入"当▉被点击"，让其等待2秒（让悟空把话说完），然后说"小师父，我是歌唱家，深夜在此练歌呢！"2秒。

任务 3　悟空的火眼金睛

同样,让悟空等待 2 秒,然后说"让我用火眼金睛看一看!"2 秒。

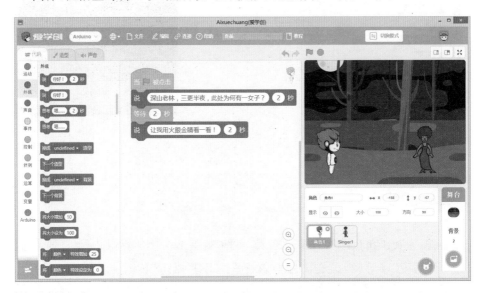

如何展现悟空的火眼金睛呢?

我们可以编辑悟空角色的造型来实现。点击"积木指令区"上方的【造型】,先删除不需要的悟空的第 2 个造型,再复制悟空的造型。

点击圆形工具。再点击填充后面的方框,弹出调色框,调整颜色为白色。

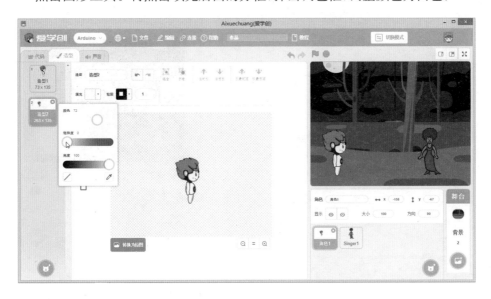

再点击轮廓后面的方框,选择无轮廓。

按住键盘上的 Shift 键并拖动鼠标画出一个圆。再将这个圆移到女子的位置将其遮住。

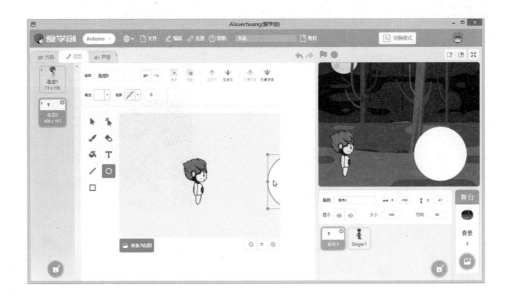

点击线段工具,调整线段轮廓为白色。

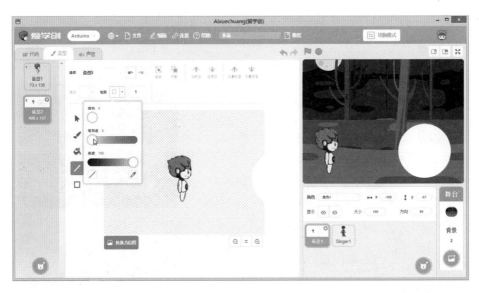

将线段的粗细改为 6。在悟空的火眼金睛和圆之间画两条与圆相切的线段。

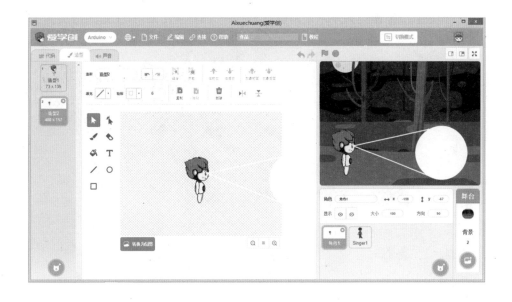

任务4　女子现原形

点击女子角色的【造型】一栏,再点击左下方的"选择一个造型"图标。

选择白骨的造型。

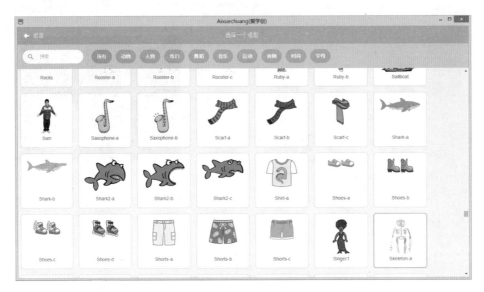

将造型的大小调整为与女子相当，并拖动其到女子的位置。

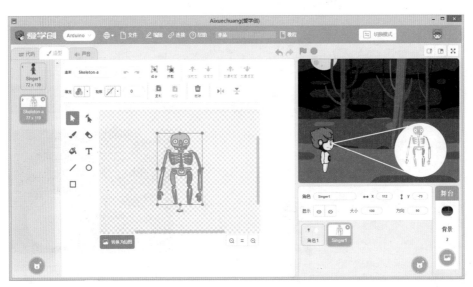

点击女子造型。

返回到悟空角色的编程界面,拖入"换成造型 2 造型"到悟空说"让我用火眼金睛看一看!"2 秒的下方。拖入"移到最后面"(防止白色圆形框挡住女子角色)。再拖入"等待 1 秒"并将时间改为 3 秒。还要将"换成造型 1 造型"拖入"当 ▶ 被点击"的下方,否则程序开始启动时,悟空将一直是造型 2(火眼金睛)的造型。

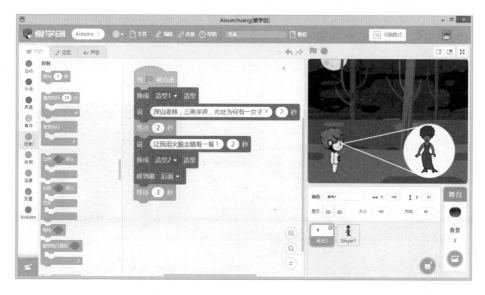

如何在悟空说"让我用火眼金睛看一看!"2 秒后,女子便现形呢? 这就需要计算好程序开始到悟空说完这句话的时间。除了"等待……秒"这个积木指令可以实

现外，我们还可以用另一个"等待……"积木块来实现。

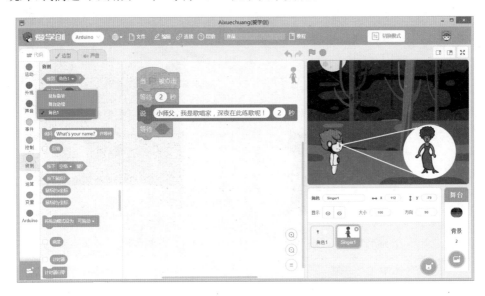

等待到什么时候女子便现形呢？

通过分析，我们发现，悟空是通过"换成造型2造型"来启动火眼金睛模式的。而造型2中的白色圆是会碰到女子角色的，所以在女子角色中，可以让其等待直到"碰到角色1"，也就是悟空正好切换到火眼金睛的造型。等待碰到悟空火眼金睛的造型之后，拖入"重复执行10次"，如果碰到角色1（悟空火眼金睛的造型），那么就切换"下一个造型"，否则就换成女子造型（非火眼金睛造型的模式下）。

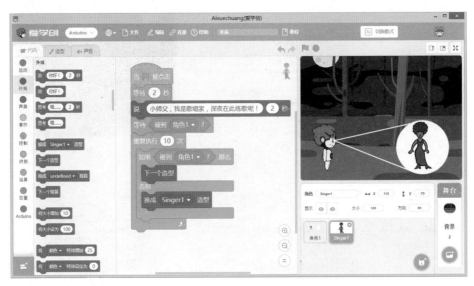

运行程序,发现在悟空火眼金睛模式下,女子造型切换得太快。分析发现之前悟空启动火眼金睛模式,等待了 3 秒,而这 3 秒,是女子现形的时间。由于其重复执行了 10 次,因此每次让其等待 0.3 秒,10 个 0.3 秒正好是 3 秒的时间。所以拖入"等待 0.3 秒"。

悟空用了 3 秒的火眼金睛模式,发现女子为妖怪,便说"妖怪,还不快快现形!"2 秒。

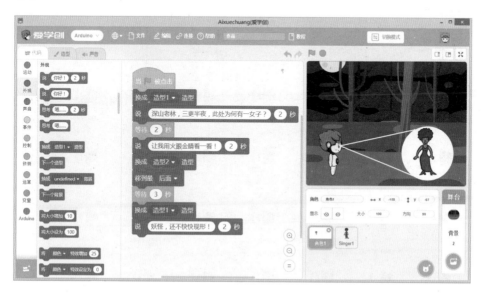

女子等待 2 秒(等待悟空说完话),说"小师父好眼力,我不伤人便是。"2 秒。

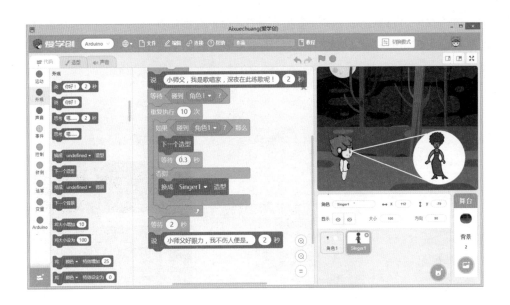

任务 5　加入音效

　　为了让程序更生动，可以在悟空启动火眼金睛模式时，加入音效。选择【效果】一栏中的一个声音。

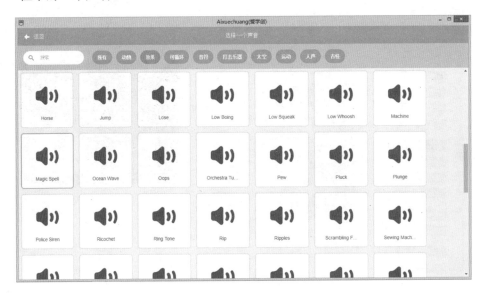

　　将刚才选择的声音拖入悟空"换成造型 2 造型"的后面，也就是在悟空启动火

眼金睛的模式时播放声音。最后运行程序测试，整个程序就设计完成了。

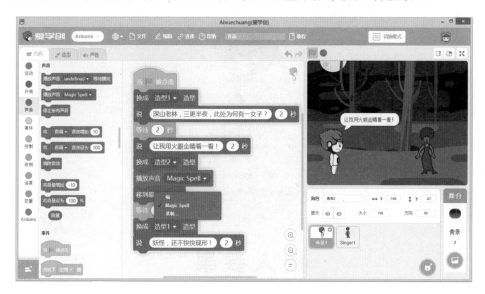

悟空用火眼金睛发现了妖怪，接下来会怎么样？你可以用编程来继续这个精彩的故事吗？

第15章

接人参果

　　传说人参果树三千年一开花,三千年一结果,三千年一成熟,且树上只结三十个人参果。因为人参果落地就会消失,所以此关的任务就是接人参果。悟空需要接到多少个人参果才可以通过此关呢?

　　在《西游记》的故事中,有两个人参果是让仙童吃了的。所以我们设定悟空需要接到30 − 2 = 28个人参果,就可以过此关。

　　根据上面的描述,你可以运用哪些积木指令来创作这个接人参果的作品呢?

任务1　选择背景并绘制人参果

　　首先,在背景库中,点击【户外】一栏,可以选择一棵参天大树作为人参果树。

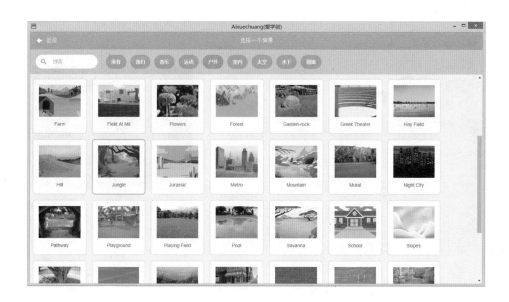

再回到编程界面，点击"选择一个角色"上面的"绘制"图标。

进入造型编辑界面，我们就可以进行角色造型的绘制了。点击圆形工具。再点击填充后面的方框，弹出调色框，调整颜色。

点击轮廓后面的方框,在弹出的调色框中对轮廓的颜色进行调整。

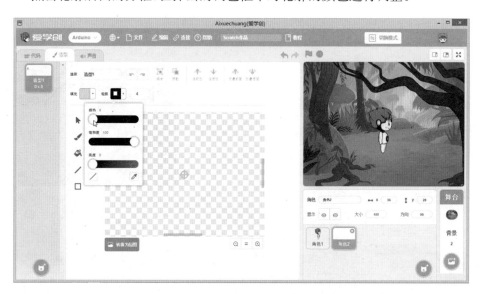

再调整轮廓的粗细,这里设置为5。按住键盘上的 Shift 键并拖动鼠标画出一个圆,作为人参果的上半部分。

　　绘制人参果的下半部分,可以将轮廓粗细设置为 8,然后拖动鼠标画出一个椭圆。

　　点击选择工具,可以将椭圆的位置进行移动,点击"放最后面",将其放在后方。

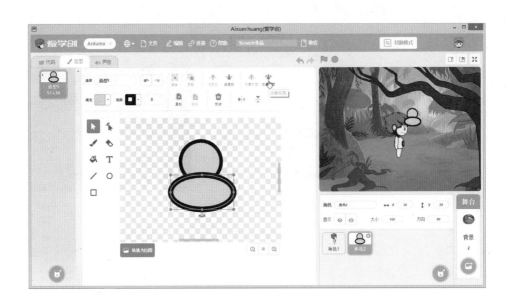

点击线段工具,设置线段的轮廓粗细为3。使用线段工具画出人参果的眼睛和嘴巴。

再选择变形工具,将3条线段变成弧线,形成一个笑脸。

任务2　让金箍棒来接人参果

回到编程界面中,点击"选择一个角色"图标,添加金箍棒角色,并在【造型】中将其多余的部分删除(见前面章节)。接着为悟空角色设计程序,拖入"当 ▸ 被点击",让悟空显示。可以设计一段独白,让悟空说出对程序的一个基本介绍。这里我们让悟空说"人参果落地就会消失!"2秒,再说"需要在它们落地之前接住才行!"2秒,说完之后,可以让悟空隐藏。

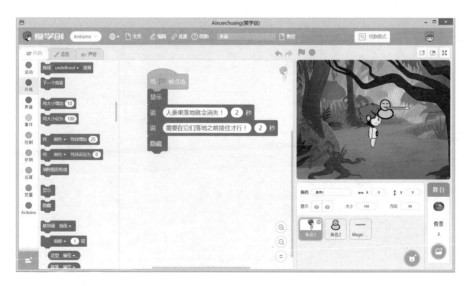

接着就可以为金箍棒设计程序了。拖入"当▶被点击",然后将"移到鼠标指针"嵌入"重复执行"中,代表让金箍棒一直处于移到鼠标指针的状态。

任务 3 让人参果从树上落下

为人参果角色设计程序。首先,为人参果新建一个变量。点击"积木指令区"【变量】模块中的"建立一个变量"。新变量名可以设为"人参果数量",然后点击确定。

拖入"当▶被点击",再拖入【变量】模块中的"将人参果数量设为0"。由于程序运行时,首先是悟空说一段话,因此我们可以先将人参果隐藏,拖入【外观】模块中的"隐藏"。因为之前悟空说话的时间为4秒,所以拖入"等待4秒"。

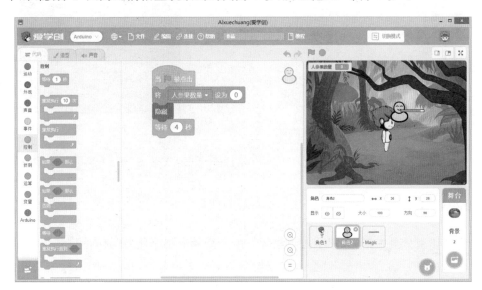

人参果树每九千年才成熟30个果子,所以拖入"克隆自己",重复执行30次,代表克隆(复制)出30个人参果。

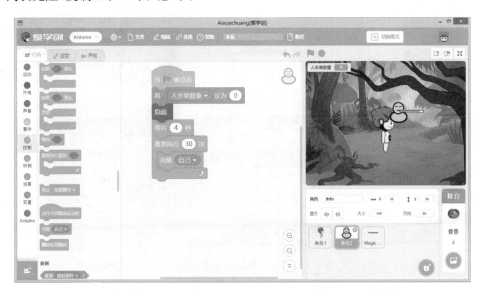

克隆出30个人参果之后,不能让其一直隐藏,因此拖入"当作为克隆体启动时",让人参果显示。

在悟空分身术中,大家学习过克隆。由于克隆复制原角色时包括位置信息,因此运行程序后,克隆出的 30 个人参果会重叠到一个位置。只需要用鼠标拖动舞台中的人参果,就可以看到下面一个个人参果是重叠在一起的。

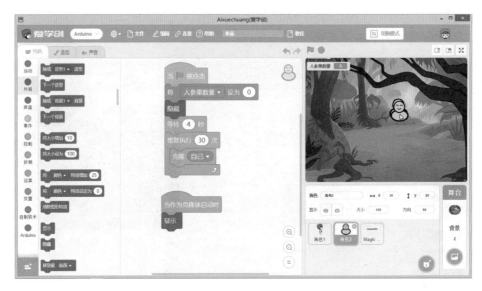

显然,我们需要让人参果从树上不同的位置掉落下来。"随机数"积木指令可以帮助我们实现这一点。拖入"移到 x:……y:……",再拖入【运算】模块中的"在 1 和 10 之间取随机数"。

　　由于舞台可见范围从左到右对应的 x 坐标是 -240 和 240,因此改为"在 -240 和 240 之间取随机数"。而舞台可见范围从最上端到最下端对应的 y 坐标是 180 和 -180,因此将 y 改为 180。代表让克隆的人参果从舞台最上方开始显示,并且显示的位置是在舞台内从左至右随机的。

　　上面的程序实现了克隆的人参果在舞台的最上方随机位置显示,可人参果还必须往下掉落才行。往下掉落,可以理解为人参果的 y 坐标不断减小的过程。因此拖入"将 y 坐标增加 10"并将 10 改为 -10,再嵌入"重复执行"中,代表人参果的

y坐标不断地减少10,这样就可以实现人参果掉落的效果了。

任务4　碰到金箍棒代表接到人参果

人参果掉落过程中,悟空可以用他的金箍棒来接住人参果。拖入"如果……那么……",再拖入"碰到鼠标指针"并将"鼠标指针"改为金箍棒角色。

我们可以为程序添加一些音效。在声音库中选择两个声音,其中一个声音用在接到人参果时,还有一个声音用在人参果落地时。

"那么"后拖入"播放声音……"并将其改为接到人参果时的声音。

任务 5　统计接到人参果的数量

这里，我们还可以另外新建一个变量来统计接到的人参果数量，新建变量的方法同上。将新变量名设为"接到人参果数量"。

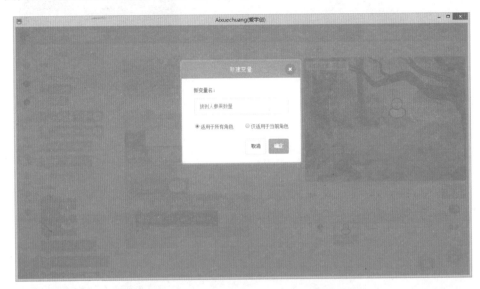

由于新建了两个变量，因此在"积木指令区"【变量】模块中，可以选择我们想要的"接到人参果数量"。

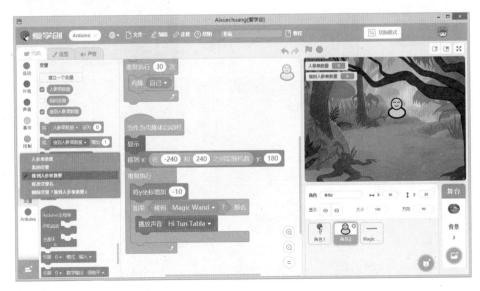

将"接到人参果数量增加 1"拖入，代表人参果被接到后，不仅会播放声音，同时还会将计数增加 1。

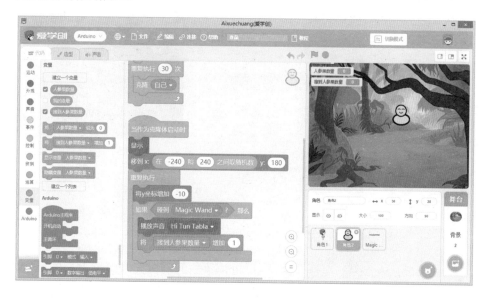

为了让程序每次启动时，都从 0 开始计数，我们还要拖入"将接到人参果数量设为 0"到程序开始时。

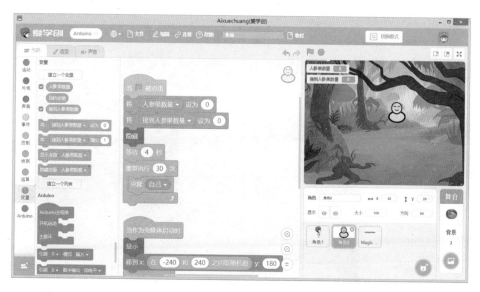

运行程序，发现人参果同时掉落下来了。

我们可以让人参果一个一个掉落,设定掉落的间隔时间来锻炼大家的反应能力。因此,拖入"等待 1 秒"。当然,大家想让接人参果的难度加大,可以将这个时间改小。再运行程序,就可以一个一个地去接人参果了。可是,我们发现,接到人参果的数量会变成一个大于 30 的数值。比如这里,接到的人参果数量就变为了39。这是为什么呢?

分析程序,我们发现,原来人参果在掉落的过程中,可以持续碰到金箍棒一段时间,因此我们只需要将"删除此克隆体"拖入,代表人参果一碰到金箍棒就会消

失,这样接到人参果的数量就不会持续增加了。再次运行程序测试,发现每接到一个人参果,对应的变量就只增加 1 了。

任务6　人参果落地则消失

由于人参果落地就会消失,因此我们还需要实现人参果落地消失的效果。人参果落地消失,我们可以理解为人参果的 y 坐标跑到了舞台显示区之外消失。前面讲过,人参果从上往下掉落,是 y 坐标不断减小的过程。而舞台最下方对应的 y 坐标是 -180。所以拖入"如果……那么……",再拖入【运算】模块中的"……<……"。将【运动】模块中的"y 坐标"拖入,小于号后面的数值改为 -180。

为人参果的落地再加入一个音效，拖入"播放声音……"并选择之前添加的声音。

人参果落地消失，可以加入"删除此克隆体"。点击绿旗运行程序，人参果落地则消失的效果就出来了。

任务 7 悟空闯关成功

由于悟空最终接人参果的数量要达到 28 个才可以过此关,因此点击悟空角色,拖入"如果……那么……",并在"如果"后加入"接到人参果数量 = 28",那么就将悟空显示出来。再拖入"重复执行"。

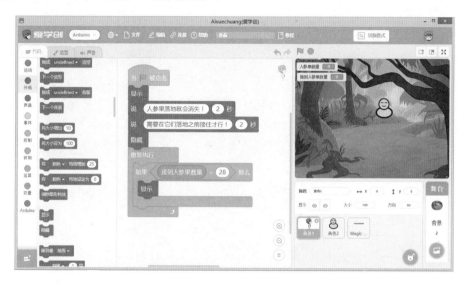

悟空显示出来后,可以说"闯关成功!"作为程序的结尾。再停止全部脚本。运行程序,悟空接人参果的程序就完成了。

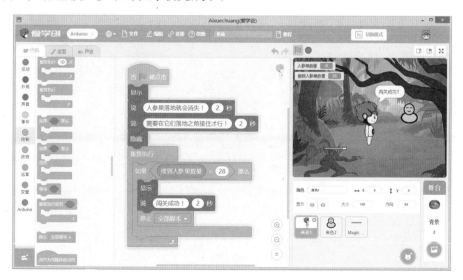

你能让人参果被接到时说出接到人参果的数量吗？可否将人参果落地的速度变得更快，将程序设计得更有挑战性和趣味性？

第16章

火焰山种树

悟空来到火焰山,看到一望无际的沙漠,感叹道:"骄阳似火,这火焰山又寸草不生,实在是热啊!"他不禁思考起来:"该如何穿越此地呢?"最终,悟空觉得,火焰山之所以这么热,是环境被破坏、缺少植被导致的。于是,悟空决定开始植树造林。

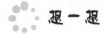 **想一想**

你应该如何创作悟空植树造林的故事,将沙漠变绿洲,让悟空顺利通过此关呢?

 **做一做**

任务1 沙漠和小树

首先,点击"选择一个背景"图标进入背景库,选择一个沙漠背景。

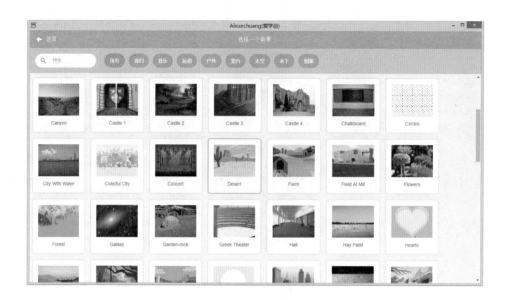

然后,点击"选择一个角色"图标进入角色库,选择一棵树的角色。

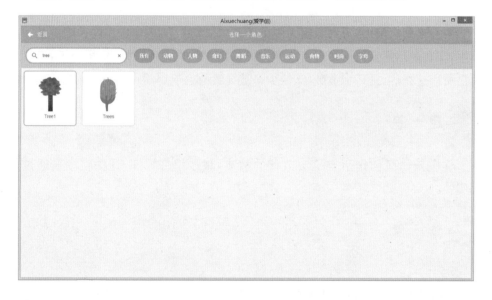

树的角色太大,我们拖入"当 ▶ 被点击"和"将大小设为 50"。运行程序,树的大小就变为了原来的 50%。

任务 2　悟空的独白和思考

　　选择悟空角色，拖入"当 ▶ 被点击"和"移到 x：……y：……"，代表悟空每次都从此位置出场，然后开始说话和思考。

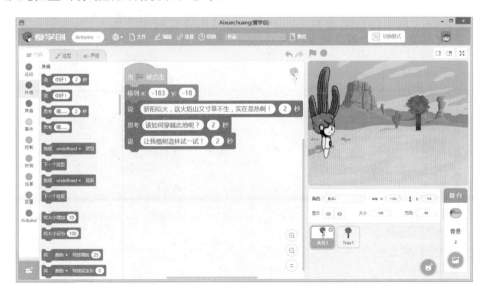

任务 3　画笔和图章

接下来,悟空决定植树造林。点击树的角色。再点击左下方的"添加扩展"图标,选择【画笔】模块。

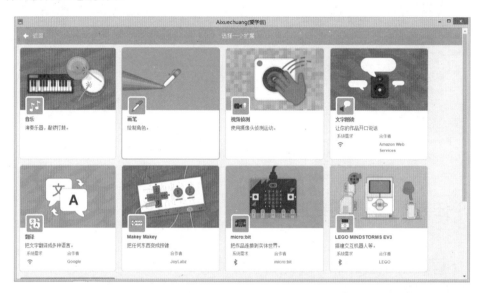

返回到编程界面中,左侧的"积木指令区"中就多了【画笔】模块。大家可以逐个了解【画笔】模块中各个积木模块的功能,例如点击"图章"积木模块。

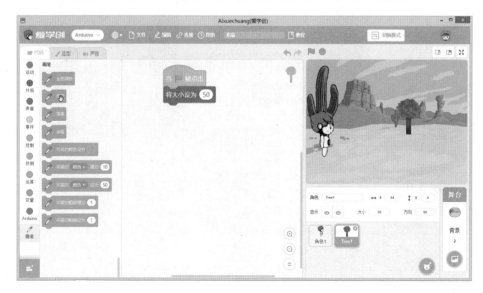

再用鼠标拖动舞台中的树，大家会发现多出了一棵树。通过这个现象，大家可以理解什么是图章吗？

"图章"积木块，就好像是盖了一个与角色一模一样的章。想一想，图章模块和克隆模块有什么区别呢？

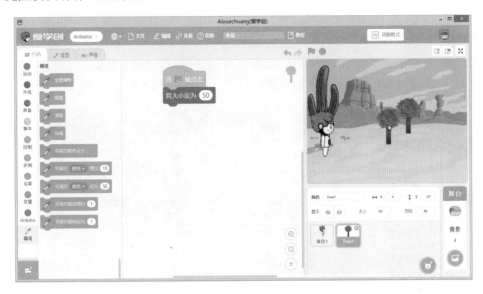

再点击"全部擦除"，发现之前通过"图章"变出来的小树又消失了。"全部擦除"就好比橡皮擦，可以将"图章"生成的图案全部擦掉。

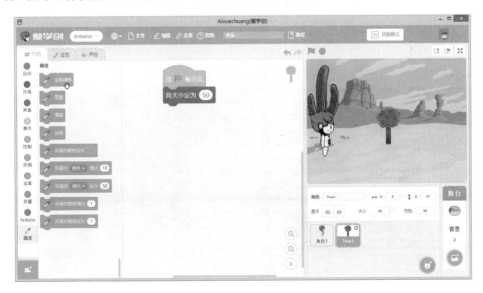

任务4　悟空植树造林

接着为小树角色编写程序。由于之前悟空说话用了6秒的时间，因此拖入"等待6秒"。再拖入"如果……那么……"，加入如果"按下鼠标"，就移到角色1（悟空）的位置，并盖下图章，代表如果鼠标被按下，那么树的角色就会移到悟空的位置并盖下图章。同时，别忘了加入"重复执行"。

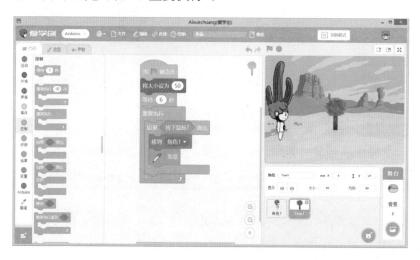

点击悟空的角色，拖入"重复执行直到"，加入"移到随机位置"并改为"移到鼠标指针"。运行程序，悟空说完话之后，小树就移到了悟空的位置。每点击一下鼠标，就会出现一个一模一样的树的图案。

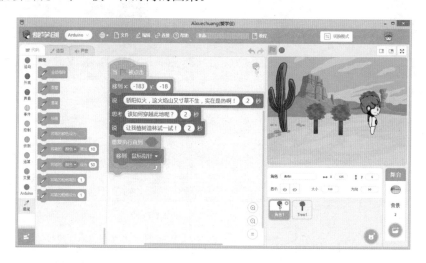

再次运行程序,大家又会发现什么呢?

我们发现之前用图章种的树在下次程序运行时仍然还在。

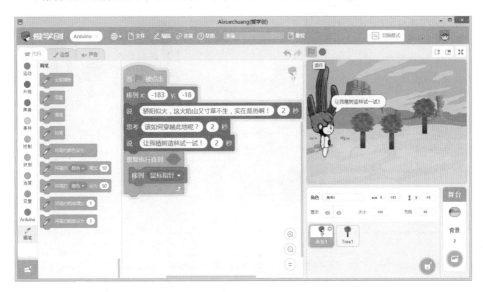

因此,我们拖入"全部擦除"在"当 ▶ 被点击"的下方,让程序一开始运行就将图章生成的图案全部擦除。再点击绿旗运行程序,之前种的树就被擦除了。

我们还可以拖入"隐藏",让程序开始时一棵树都没有。运行程序,在悟空说开场白之后,按下鼠标,就开始一棵棵种树啦。

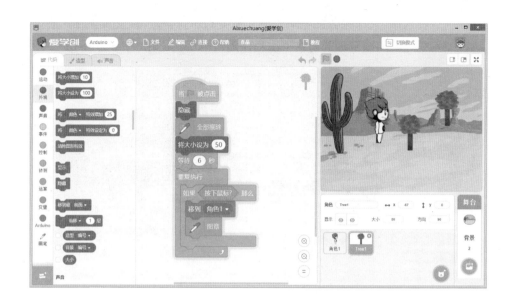

任务 5　种树计数

为了方便计算悟空种下多少棵树，我们可以建立一个变量。点击"建立一个变量"，输入变量名为"种树数量"，点击确定。

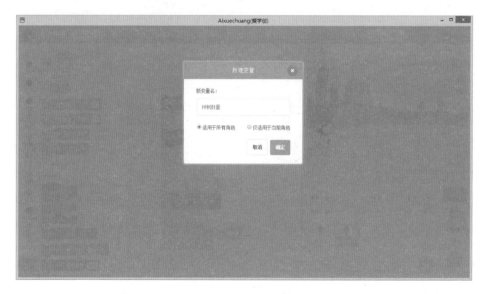

选择变量中刚新建的"种树数量"这个变量，拖入"将种树数量设为 0"，代表程

序开始时从 0 计数。

由于每按下鼠标一次开始计一个数,因此拖入"将种树数量增加 1"。运行程序测试,发现每次按下鼠标,"种树数量"变量值会增加好几个。想一想,为什么会这样?

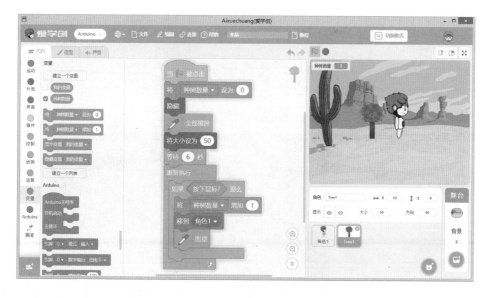

原来,程序设定的是如果按下鼠标,就会将种树的数量增加 1。按下鼠标的时间是有长有短的,如果一直按着鼠标,变量当然也会一直增加了。

因此,我们可以拖入"等待"积木块,并加入一个新的积木块,那就是【运算】模块中的"……不成立"。

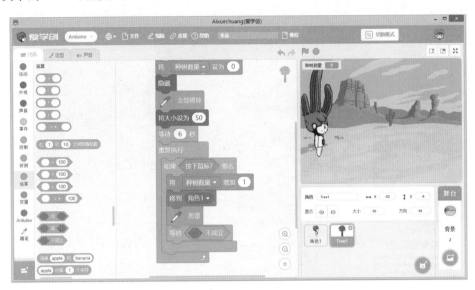

　　再次拖入"按下鼠标"，即设定等待按下鼠标不成立。这代表什么呢？代表每按下鼠标种一棵树并将变量增加1之后，就需要等待按下鼠标不成立（也就是松开鼠标），而不是继续增加变量了。只有鼠标松开，才可以继续下一个指令也就是再次按下鼠标种树的循环指令。运行程序测试，"种树数量"就实现了每按一下鼠标，就增加1。

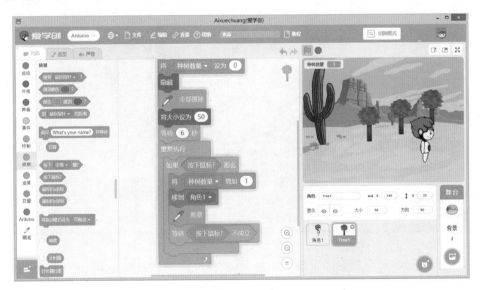

任务 6   种树达标

悟空想过此关，也不能一直没完没了地种树。因此，我们可以为悟空种树的数量设定一个数值。拖入【运算】模块中的"……＞……"。可以设定当悟空种的树超过一定数量的时候，沙漠就变绿洲了。这个数值大家可以任意设定。例如这里我们设定种树数量大于 17，也就是种 18 棵树就可以了。

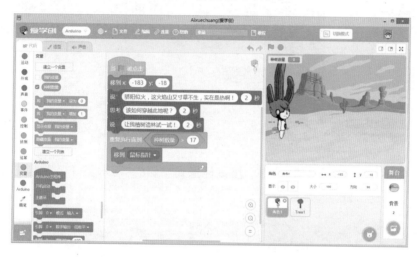

种树数量达到之后，悟空就可以过关了。拖入"说你好！2 秒"，并将说的内容改为"火焰山闯关成功！"。运行程序测试，发现悟空种到 18 棵树之后，还可以继续种树。我们将程序再优化一下。

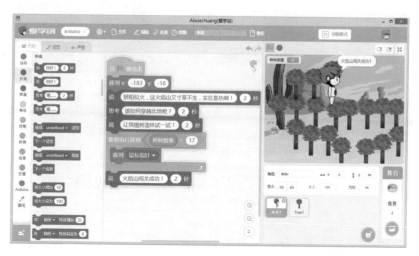

我们只需要将"重复执行直到种树数量＞17"指令用到树的角色中就可以了。拖入"重复执行直到种树数量＞17"。

再将不需要的"重复执行"指令用鼠标拖到左侧的"积木指令区"中，就自动消失了。

运行程序，种到 18 棵树的时候，悟空就说"火焰山闯关成功！"了。

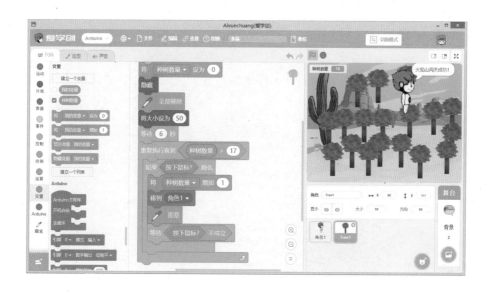

任务7　沙漠变绿洲

大家还可以为背景编写一段程序,让沙漠变绿洲。拖入"当▶被点击"和"清除图形特效"。再拖入"如果种树数量>17",也就是从18棵树开始。拖入"将颜色特效设定为0"并将数值改为25。再拖入"停止这个脚本"。将这些程序嵌入"重复执行"中。大家也可以尝试其他数值来达到想要的效果。运行程序,最后闯关成功时,沙漠也变成了绿洲。

你想象中的火焰山这一关是什么样子的？你如何创作悟空过关的程序呢？

第17章

真 假 悟 空

虽然悟空本领高强，但这次，他和师父却遇到了一个难题。出现了一个和他一模一样的假悟空，假悟空也在师父面前说自己是真的。到底谁才是真悟空呢？

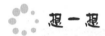

你所想的真假悟空应该是怎样的场景？如何利用编程来创作一个真假悟空的作品呢？

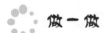

任务1　太空中的真假悟空

首先进入背景库，在【太空】一栏中选择一个背景。

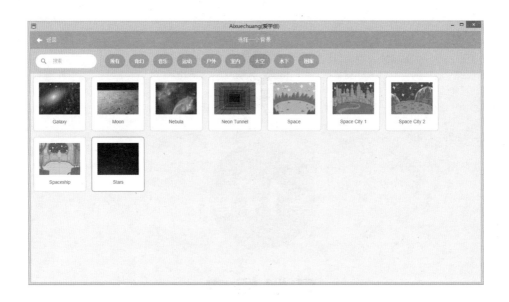

再选择师父角色并将其水平翻转。将师父和悟空分别拖到舞台的两侧。想实现真假悟空的场景，可点击悟空角色编写程序。拖入"当▶被点击"，让悟空克隆自己。拖入"重复执行 1 次"，克隆一个悟空就可以了。

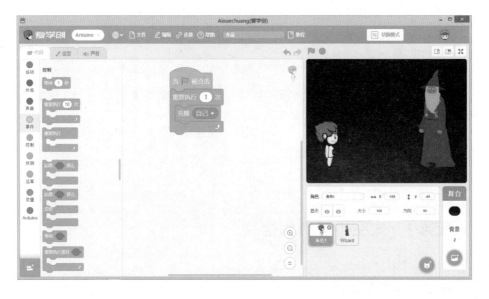

为了让悟空每次都从此时的位置出场，可拖入"移到 x：……y：……"（此时悟空所在的坐标）。

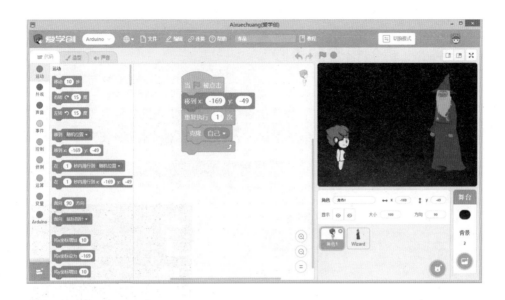

　　假悟空出现时,可以让其同样出现在舞台的左侧。因此,拖入"当克隆体启动时",同样将"移到 x:……y:……"加入。但我们不能让假悟空也出现在真悟空的位置,因此,将 y 坐标改为大一些的数值,例如100,而 x 坐标数值不变,就可以让假悟空出现在悟空的正上方。运行程序,真假悟空就出现了。

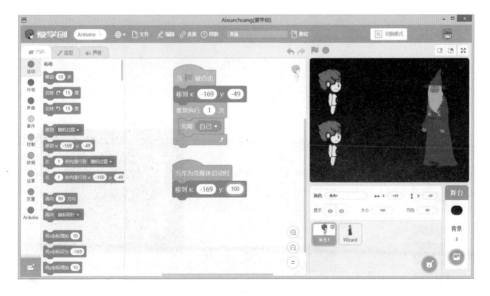

任务 2　真假悟空的争吵

真悟空看到假悟空出现之后，就开始说话了。拖入"等待 2 秒"（这 2 秒可以理解为悟空看到假悟空的时间），然后说"师父，我是悟空，他是假的！"2 秒。

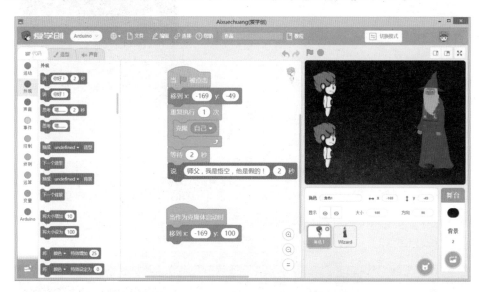

拖入"重复执行 2 次"，代表让真悟空和假悟空来争论两次。

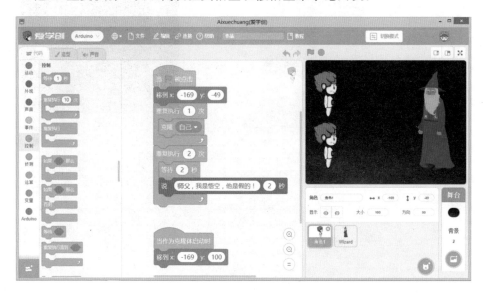

接着为假悟空设计程序了,拖入"等待 2 秒",并为假悟空的出现加一个音效,这里我们播放声音选择"zoop"。

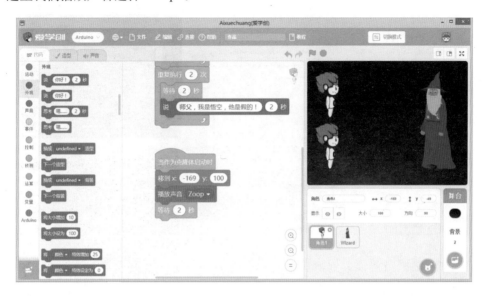

假悟空也说他是真的,因此可以直接复制上面的程序来完成他想说的话。

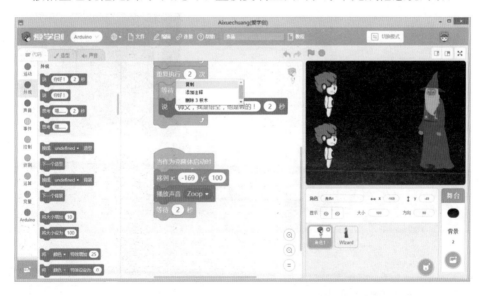

将复制的程序拖入克隆的悟空程序下面,代表克隆的悟空也同样会说"师父,我是悟空,他是假的!"

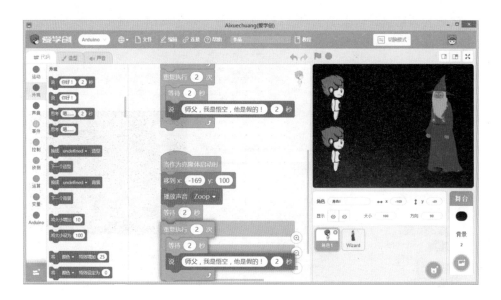

运行程序，就可以看到，两个悟空开始争吵不休了。

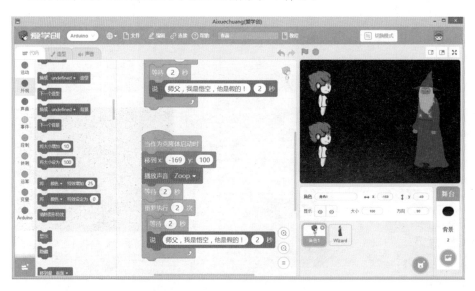

任务 3 师父的疑惑

听完真假悟空的争吵，就该师父来说话了。点击师父角色，开始为师父设计程序。拖入"当 ▶ 被点击"。应该让师父等待多少秒才开始说话呢？

我们只需计算假悟空说话的时间。由于假悟空说话的时间＝2＋2×（2＋2）＝10秒，因此拖入"等待1秒"并将时间改为10秒。接着师父开始思考"到底哪个是真正的悟空呢？"4秒。然后说"让我来施法吧！"2秒。

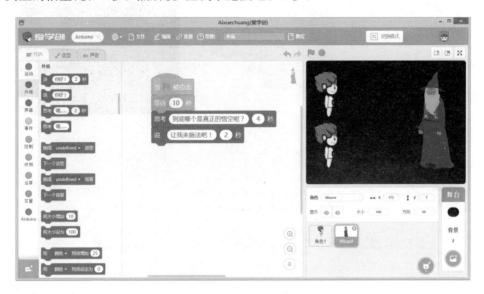

接下来可以设定师父施法的造型。点击"积木指令区"上方的【造型】，选择第3个造型。同样，我们将其水平翻转，让其面向悟空。

拖入"换成……造型"并选择第3个造型。

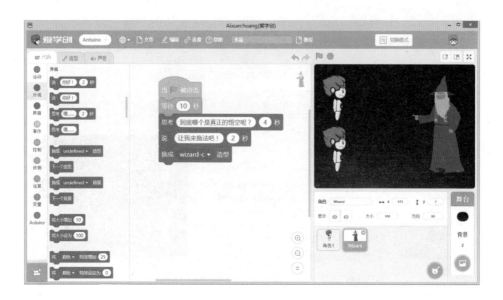

然后需要将"换成……造型"拖入"当█被点击"的下方,选择第1个造型,代表程序运行时先换成第1个造型。师父换成第3个造型后,可以说"假悟空消失!"1秒。

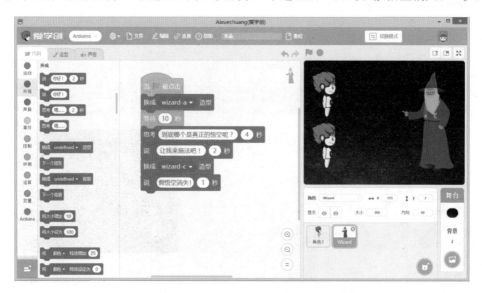

任务4　师父让假悟空消失

接下来,我们要用到【事件】模块中的"广播……"。师父用发广播的本领来让假悟空消失。大家还记得之前学过的"广播"的作用吗?

拖入"广播消息 1",点击"消息 1",就会弹出选项,我们选择"新消息"。为新消息输入一个名称,这里输入"消失",再点击确定。

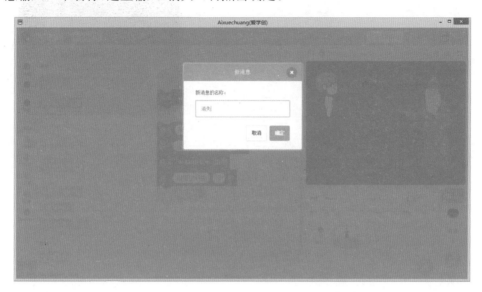

点击之后,就自动回到编程界面,且"广播……"模块就自动变成"广播消失"了。

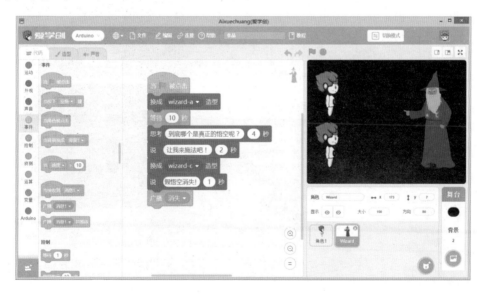

点击悟空角色,当接收到"消失"的广播时,可以播放一个音效,然后删除此克隆体(假悟空),代表假悟空消失了。

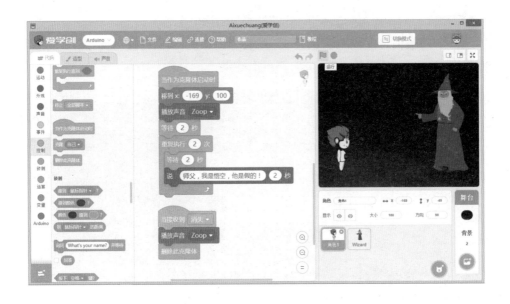

任务 5　师徒重逢

假悟空消失后,悟空和师父重逢了,悟空激动地要说话了。我们分析师父的程序,可以发现师父程序运行的时间为 $10 + 4 + 2 + 1 = 17$ 秒。

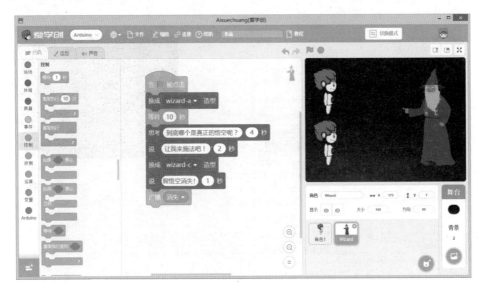

而真悟空之前程序运行的时间为 $2 \times (2 + 2) = 8$ 秒。我们需要悟空在 17 秒后

说话,才能恰好在师父说完后接话。因此,拖入"等待1秒"并将时间改为10秒,再拖入"说你好! 2秒",并将说的内容改为悟空想说的"师父找到真的悟空了!"。运行程序,真假悟空的编程作品就完成了。

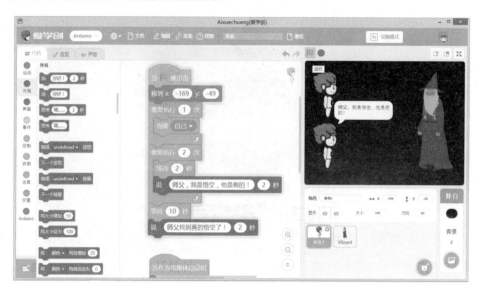

 秀一秀

大家可以说说"广播……"模块的功能吗? 真假悟空的这个故事,你觉得应该是什么样的? 你可以用学到的编程知识,来实现你的创意吗?

第18章

飞向"天宫号"

悟空听说,在浩瀚的太空中,有一座中国建造的"天宫号"空间站。他很想去参观一下。于是他利用自己飞行的本领,飞向了"天宫号"。进入"天宫号"之后,他不由地感叹道:"中国的'天宫号'真神奇!"他乘坐"天宫号",开启了太空之旅。

 想一想

根据上面的情节,你可以说一下你的设计思路吗? 可以运用哪些编程指令来创作这个故事呢?

 做一做

任务1　太空和飞船

首先进入背景库,在【太空】一栏中选择一个背景。

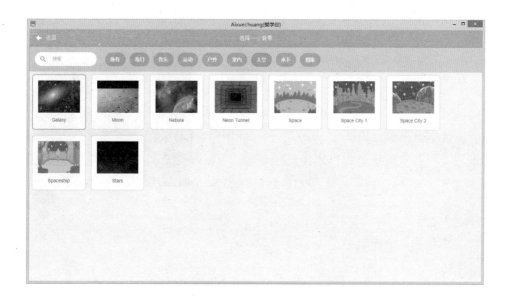

再从角色库中选择一个飞船角色（此处所选飞船角色作为"天宫号"空间站）。

由于飞船已飞入太空，因此我们可以选择飞船的第 5 个造型。

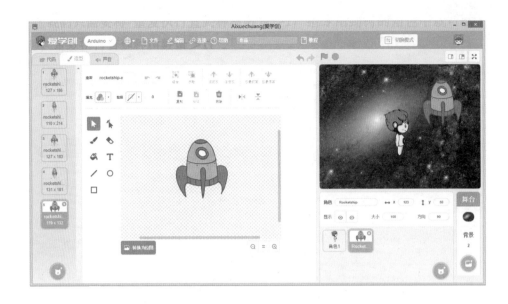

任务 2　飞向飞船

选择悟空角色,我们将悟空拖动到舞台的左下方。拖入"当 🏳 被点击",再拖入"移到 x:……y:……"(悟空此时位置的坐标),代表每次程序启动时,悟空从此时的位置出场。然后拖入"面向鼠标指针"并改为飞船角色。加入"移动 10 步"和"重复执行"。点击绿旗运行程序,悟空就开始面向飞船一直移动了。

移动到飞船那里之后,我们可以让悟空进入飞船。因此,拖入"如果……那么……","如果"后面再拖入"碰到鼠标指针"并改为碰到飞船,让悟空隐藏。运行程序,悟空再次碰到飞船,就隐藏了。

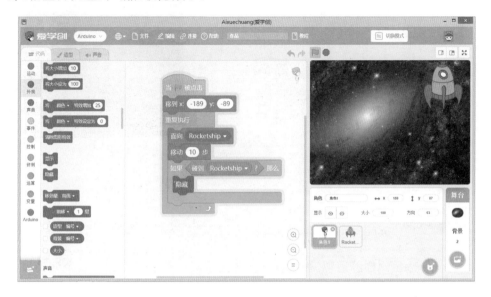

将角色隐藏了,再次运行程序时想让角色显示,还必须加入"显示"积木块。因此,拖入"显示",放在"当 ▶ 被点击"的下方,代表程序开始运行时,角色会显示。

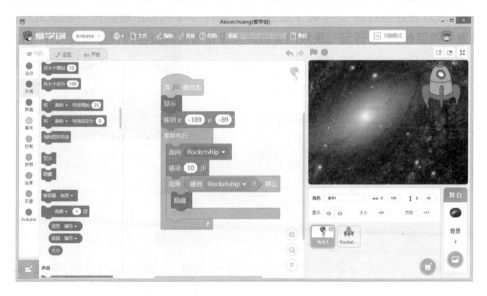

悟空飞向太空,他在我们的视野中应该会变得越来越小。因此,拖入"将大小增加……"并将数值改为-10。运行程序,悟空就实现了飞行的同时在我们的视野中越来越小的效果。

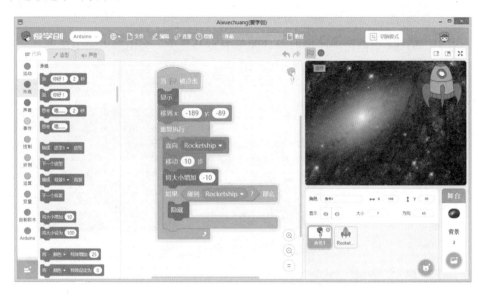

和角色隐藏同样的道理，将角色变小之后，再次运行程序时想让角色回到当初的大小，还需要拖入"将大小设为100"。

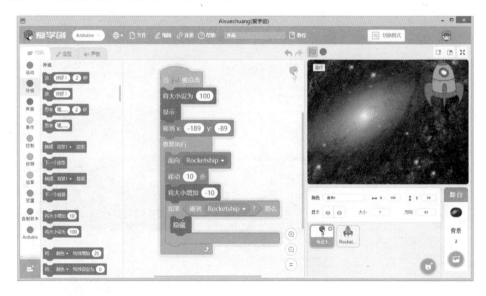

我们可以将悟空飞向"天宫号"的步数和大小增加的数值进行更改，以达到合适的效果。这里，将移动的步数改为4，将大小增加的数值改为-1。

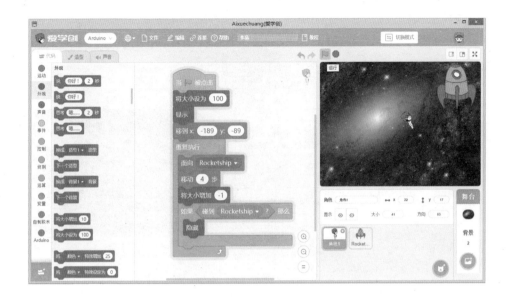

任务3　进入"天宫号"

接着选择飞船角色设计程序。由于之前我们选择的是飞船在太空中的第 5 个造型，因此拖入"当▶被点击"，再拖入"换成……造型"并改为第 5 个造型，代表每次程序运行时，飞船都切换到第 5 个造型。

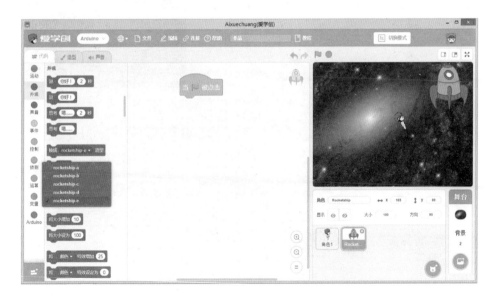

同样拖入"移到 x：……y：……"（飞船在程序启动时从该位置出场）。由于悟空碰到飞船后会进入飞船，因此拖入"如果碰到鼠标指针"并改为"角色 1"（悟空）。

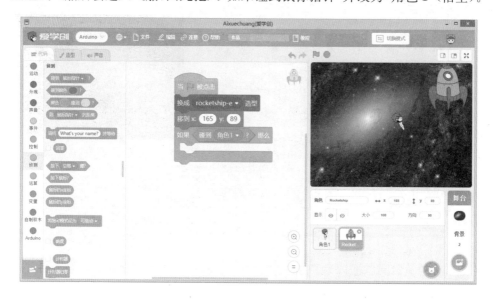

点击"积木指令区"上方的【造型】，点击鼠标右键选择复制造型 5 造型。

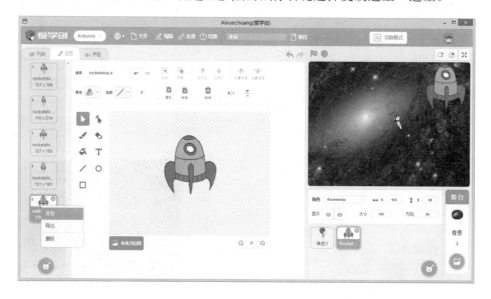

于是就有了与造型 5 一模一样的造型 6。我们可以放大飞船角色，然后选择橡皮擦工具，将橡皮擦工具的粗细调为 40。

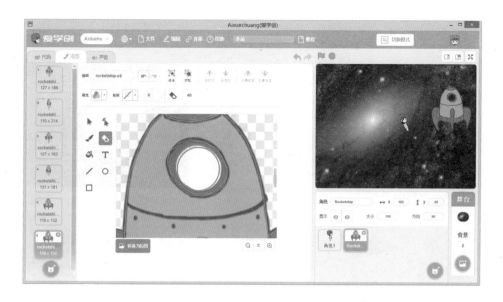

点击飞船窗户的位置，窗户就变为"透明"的了。

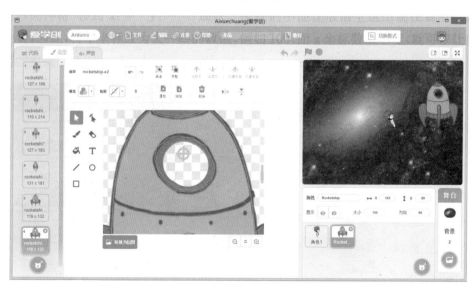

选择悟空角色，来到悟空角色造型编辑界面。将悟空全选，然后点击"复制"。

　　进入飞船角色造型编辑界面,点击"粘贴"。将悟空大小调整为合适的大小,将其拖到飞船窗户的位置。点击"放最后面"工具。

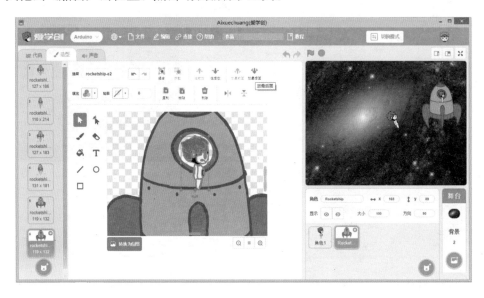

　　我们发现,悟空就"进入"飞船中了。

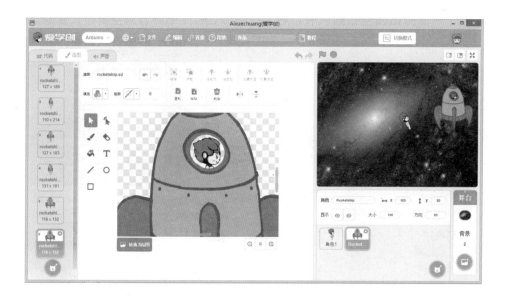

回到编程界面,拖入"换成……造型",并改为刚才编辑好的飞船的第 6 个造型。

还需要加入"重复执行"。运行程序测试,发现碰到悟空角色,飞船并没有换成第 6 个造型。想一想,这是为什么呢?

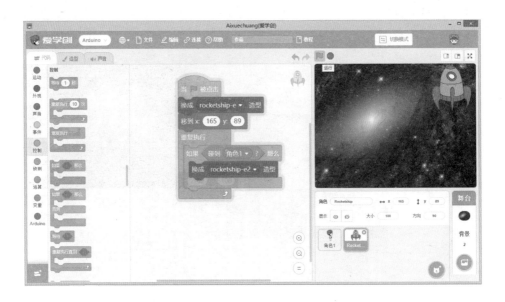

　　原来，在悟空角色的程序中，用到了如果碰到飞船，悟空就会隐藏。所以在飞船的指令中，即使我们再设置碰到悟空会实现造型切换，也会由于悟空的隐藏而使得这个飞船碰到悟空的程序不成立。我们可以尝试在悟空的指令中，加入碰到飞船的时候等待一会再隐藏。因此，拖入"等待1秒"。等待1秒时间太长，我们可以将"等待1秒"的时间改为0.1秒。运行程序，悟空就进入飞船中了。

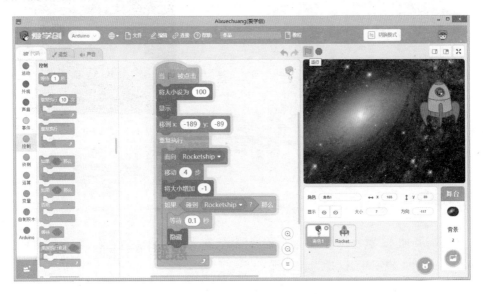

任务4　开启探索之旅

悟空进入飞船之后，我们就可以给飞船来个特写。因此，拖入"将大小设为300"，代表将飞船的大小变成原来的3倍。然后拖入"在1秒内滑行到 x：……y：……"并改为一个靠舞台中间的数值。我们将 x 改为0，y 改为89（也可以输入其他数值，让飞船处于舞台中央即可）。运行程序，悟空进入飞船后，飞船就变大且来到了舞台中央。

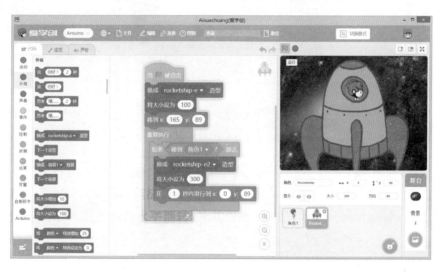

悟空进入"天宫号"后，不由地说"中国的'天宫号'真神奇！"和"让我们共同开启探索之旅吧！"各2秒。

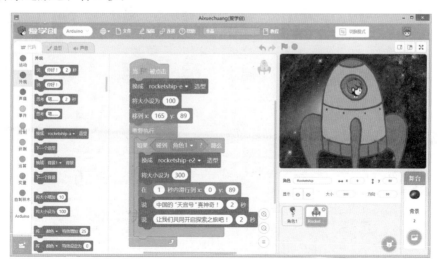

说完后，"天宫号"慢慢飞入太空深处。同样，与悟空刚开始飞向"天宫号"一样，拖入"移动 4 步"，再拖入"将大小增加 - 1"，嵌入"重复执行"中。

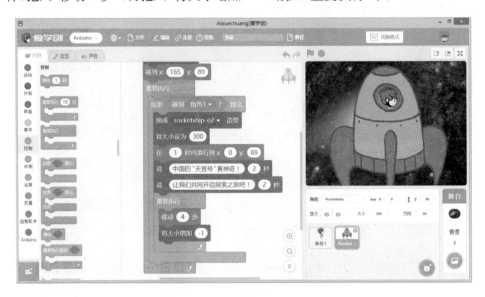

最后，我们可以为悟空飞入"天宫号"加入音效，选择【效果】中的一个声音。

将"播放声音……"拖入"重复执行"的上方，选择刚加入的声音。运行程序，悟空乘坐"天宫号"的作品就完成了。

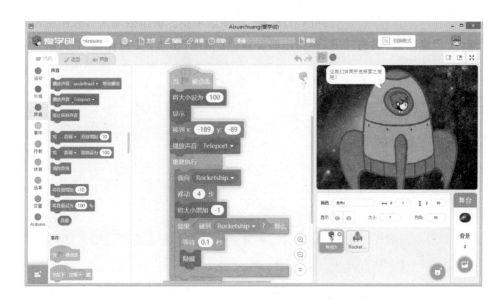

秀一秀

　　中国的"天宫号"你了解吗？如果你用所学到的编程知识来创作，又该是一个怎样的精彩故事呢？

后　记

悟空飞向天宫号，开启太空之旅后，跟着悟空学编程的故事就告一段落了。接下来悟空又将会发生什么样有趣的故事呢？

就像悟空开启探索之旅一样，我们将继续开启人工智能教育的探索之旅，不断地开发新的内容来答谢广大读者！

特别鸣谢万德远、田保华两位资深专家的指导，以及编委会每一位成员的建议和付出，正是有了你们的帮助，才使得本书顺利问世。

本书的 18 章，实际上是搭建了 18 个框架，为的是抛砖引玉，让大家在这个框架之下，更多地去创作，去改进，去发挥。大家有好的建议或者新的想法，可以通过"爱学创"公众号、"爱学创"视频号联系我们。感谢大家支持"爱学创"，也欢迎大家加入"爱学创"，共同为中国的人工智能教育事业做出自己的一份贡献。